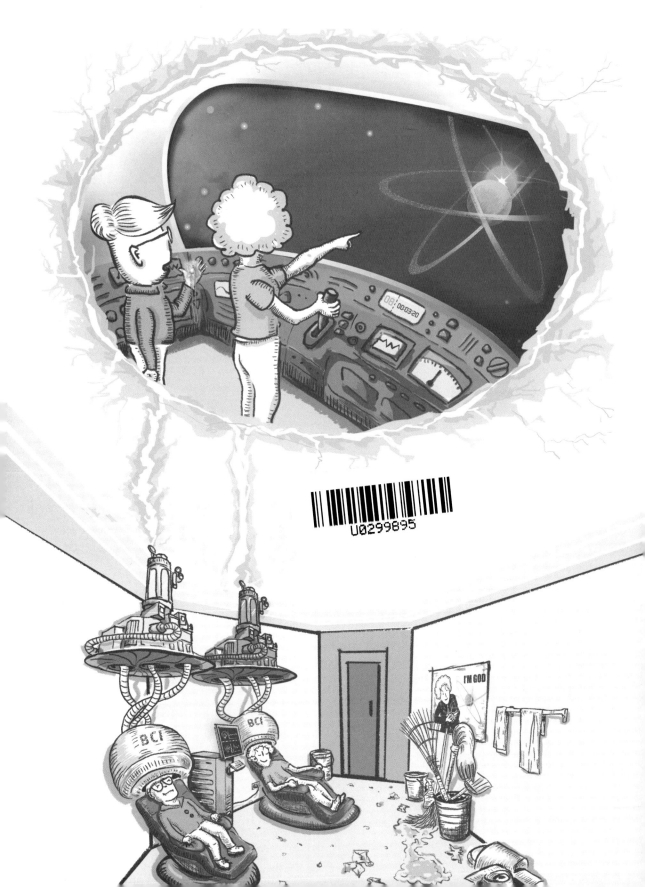

U0299895

一本探索元宇宙世界的React力作

一本伪装成科幻小说的前端开发宝典

一本带你建立React思维模型的编程秘籍

坐标React星

React核心思维模型

叶凌东 著　Beebee 绘

电子工业出版社
Publishing House of Electronics Industry
北京·BEIJING

内 容 简 介

本书通过一个奇幻故事的外壳讲解 React 开发必备的核心思维模型，即如何用 React 的独特方式思考和解决问题。故事主角用脑机进入"Web 宇宙"，登陆"React 星"。通过体验各种离奇见闻，由浅入深地介绍 React 开发的核心知识点，例如声明式和响应式编程、不可变约定、单向数据流、组件组合的运用、组件渲染特性、Hook 的基本原理和常见模式、组件构架设计和 State 管理，等等。

"让读者在娱乐中学习"，这是作者的初衷。为了帮助读者理解和记忆，本书为每一个思维模型都配备了生动有趣的故事桥段和漫画插图。本书强调揭示各个概念的本质，不光展示"如何做"，更注重解释"为什么"，并辅以实例操作，旨在打开一扇门——鼓励读者深挖基础知识，增强自行推演结论、进一步学习实战知识的能力。

本书主要适合对 HTML、CSS、JavaScript、DOM 有一定了解的前端开发者、设计师和高校学生等阅读。

图书在版编目（CIP）数据

坐标React星：React核心思维模型 / 叶凌东著；Beebee绘. —北京：电子工业出版社，2022.1

ISBN 978-7-121-42659-9

Ⅰ.①坐… Ⅱ.①叶…②B… Ⅲ.①移动终端－应用程序－程序设计 Ⅳ.①TN929.53

中国版本图书馆CIP数据核字（2022）第015161号

责任编辑：宋亚东

印　　刷：天津千鹤文化传播有限公司

装　　订：天津千鹤文化传播有限公司

出版发行：电子工业出版社

　　　　　北京市海淀区万寿路 173 信箱　邮编：100036

开　　本：787×980　1/16　印张：15.25　字数：342 千字　彩插：1

版　　次：2022 年 1 月第 1 版

印　　次：2022 年 1 月第 1 次印刷

定　　价：108.00 元

凡所购买电子工业出版社图书有缺损问题，请向购买书店调换。若书店售缺，请与本社发行部联系，联系及邮购电话：（010）88254888，88258888。

质量投诉请发邮件至 zlts@phei.com.cn，盗版侵权举报请发邮件至 dbqq@phei.com.cn。

本书咨询联系方式：（010）51260888-819，faq@phei.com.cn。

推荐序

几年前在网球场上认识叶凌东，后来一起组队参加比赛，有了更深入的交流，才知道我们原来是计算机同行。只不过我现在只是教书，不再做开发，属于光说不练的空把式。叶凌东不同，他是战斗在第一线的极客，踩过商业前端开发的各种坑，深谙前端开发的灵魂。尽管经历不同，我们在计算机领域的教育理念却出乎意料的一致。作为一名教育工作者，我一直秉承的教学原则是"授人以鱼，不如授人以渔。"我尽力让学生理解一门编程语言或一项技术背后的理论基础，并鼓励他们在理解透彻基本原理的基础上灵活应用、深入学习。在这一点上，我和叶凌东不谋而合，这也正是我喜欢这本书的原因之一。

React 无疑是当下前端框架中的领导者，它尽管最初只是一款用于 Web 的界面开发库，但很快就拓展到移动端、桌面原生应用乃至虚拟现实，让人们可以"一次学习，到处开发"。React 对用户界面开发领域的深远影响不仅仅源于其直观的语法、精巧的实现、优良的性能或者脸书公司的影响力，更重要的是它建立及整合了一套关于用户界面开发的思维方法，所谓 Think in React。React 的出现让人们能够从一个全新的维度思考并开发用户界面。

然而，由于思维惯性的缘故，这种新的思考方式让很多初学者感到困惑。我接触过不少尝试学习使用 React 的学生和开发者，他们当中不少人要么只是对着教程照猫画虎、知其然不知其所以然，遇到新问题就不知如何解决；要么将传统的直接操作 DOM 的编程方式混杂到 React 代码中，造成其错误百出、难以维护。这一切都是源于思维模式和知识体系的缺失。而这本书的立意即是从根本上解决这个问题，在读者头脑中建立起 React 独特的思维模式，用 React 的方式去思考问题、拆分界面需求，从而高效率地解决实际问题。

当然，这些思维模式如果只是平铺直叙往往会显得抽象而枯燥。而且，要改变一个人的思维惯性、重塑脑回路谈何容易。在这点上，我尤其欣赏作者的独辟蹊径、大胆创新，以科幻小说作为载体讲述技术知识的方式，既让人耳目一新，又能使读者对书中知识点留下深刻的印象。作者文笔生动、幽默，时不时来点网络流行语言，这也契合作者所追求的目标——让读者在娱乐中学习。

这本书堪称图文并茂，书中大量有趣的插图常常让人会心一笑。不过，这些插图的作用不仅仅是增加阅读乐趣，更重要的是进一步帮助读者梳理和记忆书中的知识点。每一幅图都对应一个核心思维模式的喻义。复杂抽象的概念就这样被转换成了直观易懂的图画，比喻也用得恰到好处、让人过目不忘，比如带有钩子的胡克船长、面试时的时间循环等故事桥段。

最后，我期望广大的 React 初学者和学生朋友们能够凭借此书理解 React 的核心思想，从而更加从容地驾驭你的 React 飞船，成功踏上通往 React 元宇宙的星际之旅。

吴逵

加拿大维多利亚大学 计算机科学系教授

前　　言

也许我真的有自虐倾向。拿写书这件事来说吧，作为一名耕耘多年的老码农，总结一下近年来培训 React 所得的经验，中规中矩地写一本正常的技术图书，应该不算是难得离谱的事，但我偏偏不给自己喘息的机会，总是想搞点创新。

按照最初的设想，这本书将提炼出 React 最核心的思维模型，并用通俗易懂的语言加以诠释，帮助读者打好坚实的基础，以适应瞬息万变的 React 生态圈。谁知我一边写一边就踏上了不归路：硬是想将那些本来分散的概念串成一个完整自洽的故事，写一本关于 React 的小说。再说了，这是我头一次写这么长的故事！

结果就悲摧了。原本以为两三个月就可以写好初稿、半年内出版，结果从 2019 年夏天一直写到现在，快两年的痛并快乐着啊！用一条故事主线串联知识点的最大难点在于故事里的逻辑很难涵盖那些分散的概念，并且各方面的内容都要融合一致，包括故事、技术讲解、代码范例等，否则很容易造成跳出故事的感觉。而技术讲解和代码范例如果太故事化，又会显得特别冗长啰唆，这个平衡点很难找。每次想到一个关于故事的点子时，我都会莫名兴奋，恨不得马上能写完，但落实到细节又困难重重，一次又一次地被卡住，无奈只好又回到技术内容写作。就这样一个接一个地挖坑、填坑，慢慢地螺旋式迭代、上升，在拔掉了数不清的头发、密林狂奔无数次追逐缪斯女神以后，我终于找到了一个既强调技术核心、又还自认为有一定可读性的故事设计，算是基本达到了最初定下的目标——既有技术干货，阅读起来又轻松有趣。希望你看了以后也有同感。

本书内容

本书通过一个奇幻故事的外壳讲解 React 开发所必备的核心思维模型，也就是如何用 React 的独特方式思考和解决问题。故事主角用脑机进入"Web 宇宙"，登陆"React 星"。通过体验主角经历的各种离奇见闻，你将由浅入深地学习如何使用 React 构建用户界面。具体来说，本书一共包括 5 章，其中的每一个小节都用一个故事桥段讲解了对应的思维模型：

- 重返 React 星：React 最基础的思维模型，包括数据与用户界面分离、声明式与命令式、响应式、JSX 及实质、React 渲染的手翻书类比和不可变约定。

- 摩组城：React 组件相关的思维模型，包括组件的写法、组件的组合、组件渲染特性、组件间的单向数据流、Context 及使用回调函数向上传递数据。

- 瑞海惊魂：React Hook 相关的思维模型，包括 Hook 的总体思路、标准 Hook 的分类整理及使用详解（覆盖 useMemo、useCallback、useState、useReducer 和 useRef）、useEffect 详解、深入理解 Hook 的使用规则、条件化使用 Hook 的常见模式及自定义 Hook。

- 灵缘幻境：组件架构设计简介，包括项目组织结构（文件目录结构、何时划分组件）、评判准则和实施策略、业务逻辑管理和 State 管理。

- 后记：下一步学习内容简介，包括样式方案、应用框架、表单、路由、State 管理、第三方库、开发辅助工具、性能优化、测试、类组件、TypeScript 及前沿技术，如并行渲染和服务器组件（React Server Component）。

本书还有一个亮点，就是每一个小节末尾的漫画插图。为了帮助您进一步理解和记忆，我们的灵魂画师 Beebee 可是呕了三升老血，为每个思维模型都精心配上了漫画插图。一共 20 多幅，从讨论和确定概念、绘制草图、尝试不同风格、确定风格到最后成图，前前后后反复修改多次，总共耗时三个多月。我们还将所有的思维模型插图集中起来制作成了一张海报，糊墙、铺桌子随你，顺便还能时不时复习 React 的核心思维模型。

"让读者在娱乐中学习"，这是我们如此折磨自己的初衷。只要能博你一笑、让你有所收获，我们自虐一下也未尝不可。

目标读者群

本书主要适合对 HTML、CSS、JavaScript、DOM 有一定了解的前端开发者、设计师和学生等群体阅读。本书的目标不是成为学习者需要看的唯一一本 React 书，所以并不致力于覆盖所有相关的实战知识。相反，本书强调揭示各个概念的本质，不光展示"如何做"，更注重解释"为什么"，并辅以实例操作，旨在为读者打开一扇门：鼓励读者深挖基础知识，增强自行推演结论、进一步学习实战知识的能力。

书中代码范例

请访问 https://learnreact.design/react-mental-models-book 获取本书的代码。

致谢

感谢我的父亲，老人家多次挑灯夜战帮我改稿，很长一段时间内微信通话第一句就问我："书写完没有？"让时不时会偷懒的我不禁汗颜。如今我终于可以舒口气告诉他："写完了！您看。"

感谢我的女儿，每当故事创意受阻无法继续时，她甘愿充当我的 rubber duck（来自 rubber duck debugging，橡皮鸭程序调试法），不厌其烦地听我重复故事内容，还积极地帮我补充新奇的点子。

我还想特别感谢电子工业出版社的宋亚东老师，正是因为他的大力推动，我才开始这本书的创作。在这快两年的时间里，他的无尽支持、悉心指导和鼓励让我在遇到困难时一次一次重拾信心、继续前进。他告诉我，"写书也是一个工程"，这让我顿悟到反复打磨一个作品的重要性，内心不再挣扎。

感谢 Dan Abramov（React 核心团队成员）和 Dave Ceddia（*Pure React* 一书作者）在写作初期对本书技术内容的探讨与反馈。

感谢志愿者们的意见反馈。

由于作者水平所限，书中错误及不足之处在所难免，故事的构思与文笔也未免稚嫩，望专家和广大读者批评指正。

叶凌东

2021 年 5 月 22 日于加拿大维多利亚

读者服务

微信扫码回复：42659

- 获取本书配套源码资源。
- 加入本书读者交流群，与更多读者互动。
- 获取【百场业界大咖直播合集】(持续更新)，仅需 1 元。

目　　录

楔子
写给造物主们的信

如果不是因为艾伦、不是因为他那台晃眼看上去像理发店烫头机的脑机，我大概永远不会看到那个世界，不会与那个女孩相遇，你现在手中的这本书也不会存在。

你知道吗？你是那个世界的造物主，地球上的每位程序员都是。你写的代码会对那个世界产生微妙而具有决定性的作用。你也许会让那个世界井然有序、生机盎然，也许会让它破败不堪、危机四伏。你可曾意识到，你轻点鼠标或许就会让那里疾风骤雨、地动山摇，你敲击键盘便主宰了无数生灵的生老病死、吉凶祸福。

听起来很扯是吧？以前艾伦跟我唠叨这些时，我也这么认为，直到那天我坐上他的脑机，直到我的意识来到 React 星。那一切是多么的真实又缥缈，那纯蓝色的星球和巨大的三道星环、纯蓝色的大地和海洋、神殿的尖顶、女孩脸上的浅笑和无奈、跪地祈祷迷茫无助的人群……我曾无数次想说服自己那只是幻境，但看到手里女孩临行前塞给我的吊坠，我惊觉：React 星需要我的帮助，需要你和地球上所有程序员的帮助。

这本书是我在 React 星上的故事，记载着那个世界的运行规律，也是那里的生灵向你的祈祷。

听到他们的声音了吗？你想创造一个什么样的世界？不过，也许会让你失望的是，你并不能对 React 星随心所欲，那里也不是《我的世界》(Minecraft)，没有方块任你堆砌。你能影响那个世界的工具只有——代码。而且，你的代码需要遵循那个世界的规律，不能随意为之。你只有真正理解 React 的思想，掌握编写优质代码的技巧，才能让那个世界免遭涂炭。只有打好 React 应用开发的坚实基础，你才算得上称职的造物主。

所以，在这本书里，除了让你身临其境般地看到那个世界的风貌，我还安排了专属于你的"上帝视角"，也就是你所习惯的程序代码、技术术语和基础理论。你将看到 React 星最核心的宇宙规律，我称之为"React 思维模型"。那是我们使用 React 时应该固化在大脑里的"脑回路"，与你或许已经熟悉的传统 UI 编程方式有很大的不同，例如，声明式编程（declarative programming）、不可变特性（immutability）和单向数据流（one-way data flow）。

React 星是一个让人流连忘返的世界，它的富饶、稳定依赖于你对它的理解与感悟。React 是一项了不起的技术，它的美在于其简约的 API 和影响深远的核心思想。它的生态环境复杂多样，几乎无所不能，但又让很多初学者望而却步。抬眼望去，似乎有无数的知识点，Webpack、Babel、Redux、Mobx、React Router、Relay、GatsbyJS、NextJS 等数不胜数。新技术、新概念层出不穷，例如 React Query、Recoil，变化快得让人喘不过气。也有人说，React 入门容易精通难，跟着教程走一遍、拿个范例改改、再抄抄 StackOverflow，一个应用就成了。但是，一个项目究竟应该怎么架构、如何管理状态等一系列问题，似乎是一种难以捉摸的艺术。

这就是深刻理解 React 核心思维模型的重要性，它能助你以不变应万变，遇到新概念能做到兵来将挡、水来土掩，得心应手地当好造物主。此外，我们每看到一个现象都要有一个本能：深挖其本质因由，理解"为什么"，而不仅仅满足于记住"怎么做"。在做每一个设计决定时，我们都应该基于一个现实的原因，而不是盲从于最佳实践。为此，我生造了一个概念——原力驱动。这个"原"是原因的原。

请记住，一旦开始编写 React 代码，你就成了那个世界的造物主。我相信，无论你是初来乍到，还是 React 老手，只要你熟悉 HTML、CSS 和 JavaScript，阅读本书都会激发你对这项技术的新思考、新体验，帮助你设计高效、优质的应用代码，建设 React 星的大好河山。

愿原力与你同在，造物主们。

林 顿

2021 年 9 月 13 日

第 1 章

重返 React 星

React 最基础的思维模型，包括数据与用户界面分离、声明式与命令式、响应式、JSX 及实质、React 渲染的手翻书类比及不可变约定。

当我再次睁开双眼时，脑机已经把我的意识带到了飞船上。艾伦坐在一旁，一边喝着咖啡，一边时不时地按几下操作屏幕。回想起脑机头盔里那一排排纳米探针，我就头皮发麻，说是可以自动寻找头骨分子之间的空隙、绕过神经和血管、直接和大脑相连，鬼知道有没有什么副作用！不过，到目前为止确实没有什么不良感觉，貌似比《黑客帝国》里那种在后脑挖洞预留插座的技术要先进不少。

"快到了，兄弟，放心，这次绝对不会出问题了。"艾伦满脸堆笑，用力拍了拍我的肩膀。

我倚在舷窗上，望着窗外无尽的太空。在繁星点点的黯黑背景中，我再次看到了那个熟悉而又陌生的蓝色亮点，看到它慢慢放大，直到那三道巨大的蓝色星环占据了整个视野。穿过星环，我看到了那颗同样是纯蓝色的行星。

"在哪儿降落呢？"艾伦回头问我。

"灵修院啊。"我看着手里的吊坠，那是一个微缩的 React 行星，三道晶莹剔透的圆环相互交错，估计是用水晶之类的材料制成的。在三道圆环共同的圆心处，一颗蓝色小球不知靠什么力量悬浮着。那女孩说过，只要把吊坠交给灵修院长老，就可以免除她和家人的苦难。

"灵什么院？有坐标吗？"艾伦显然没听说过这个地点。

"坐标？没有啊。"我茫然答道。

"那有点麻烦，我这儿查不到这个地方。要不，咱们先去你上次的着陆点，再慢慢找吧？"

1.1　墙上的洞

你也许无法想象我踏出舱门那一刻的震惊，曾经的鸟语花香和熙熙攘攘已经荡然无存，此刻只剩下漫天的烟尘和残垣断壁，空气里弥漫着一股呛人的草木灰的味道，环顾四周见不到一个活物。艾伦告诉我，我们世界里的代码质量决定了 React 星上的一切。如果说一段质量低劣的代码是一个小火花，那么众多劣质代码的合力就会造成森林大火。唉，我昨天在 Stack Overflow 上抄了一段代码，希望它不是酿成灾难的火花之一！

我们走过一座塌陷了一半的房子，记得上次来时，到处都是那样的圆顶房子。这座房子的窗户已经全然损坏，不过一侧的墙壁吸引了我们的目光。在被大火烧得焦黑斑驳的墙面上，大概一人高处，被整整齐齐地打穿了一个椭圆形的洞。

我正寻思，既然有窗户还开一个洞干什么？忽然间，透过洞口，似乎看到屋内有人影闪动。我好奇地将头探进洞口想看个究竟——洞口的大小刚刚好放进我的头。突然，一道强烈的闪光让我暂时失明，我忙不迭地缩回头却把下巴撞在洞沿，好疼！等到视力恢复，我才看到艾伦不知什么时候溜到屋内，手里还拿着一台照相机，对着我笑嘻嘻地招手。原来刚才的强光只是相机的闪光灯而已。

搞什么名堂！我进到屋内，开始对艾伦的偷拍行为表示抗议。他只是笑笑，并递过来一张相片（都什么年代了，还在用这种即时成像、即时打印的相机）。相片上我惊骇滑稽的表情就别提了，原来这是一面镂空拍照墙，就是经常摆在公园门口、让人露个脸扮超人仙女的那种。只见墙的内侧写着一些字、画了一些画，我定睛一看，<div>，嗯……这是 HTML 吧？

艾伦郑重其事地告诉我，照这张相片（或是被偷拍？）是到访时需要首先完成的仪式，上

次来时因为飞船发生故障我没照成，所以今天才补上。他问我眼前是不是有一行蓝色的字，我开始还以为是眼睛被闪光灯弄花了，仔细一看，视野里果然有一行发着蓝光的立体字：

> ◎ React 思维模型：HTML 上凿洞，动态数据露脸。

艾伦让我坐下来冥想。我闭上双眼，看到那行字变得更加清晰。我努力地把意识集中到呼吸上，几分钟以后，那行蓝字渐渐淡去，我感觉到脑中多了两个概念：useState 和模板。哦？这当真是《黑客帝国》？我睁开双眼：I know Kung Fu!

原来，脑机可以将知识直接输入我脑中的神经元，而冥想是我的大脑主动对其整理归类的过程。这样，通过亲历 React 星上所发生的事，我就可以在片刻间学到关于 React 的相关知识。不过也不用太羡慕我，虽然你没有脑机，没法直接在 React 星上摆姿势扮尼奥，但对这个世界来说，你拥有的是造物主的力量，从你的视角看去，这一切都是任你摆布的代码而已。

下面我来把刚才所学的知识用你习惯的语言讲讲吧！

1.1.1　上帝视角：代码例子

这是第一个 React 思维模型。在用 React 写界面时，先写一段 HTML 作为页面的静态结构，再用大括号标记，加入动态的、可交互的元素。这就像在墙上凿个洞，让动态数据从墙后露出个小脸来。

先从一个最简单的 React 应用开始。比如，如果想在浏览器里显示我的那张相片，那么这个 React 组件的写法是这样的（暂时先不管相片上那对花括号）：

```
function App() {
  // 为了避免吓到你，我的脸就用表情符代替了
  return <div>👋😊👋</div>;
}
```

如果这是你有生以来看到过的第一段 React 代码，那么找找看里面有什么似曾相识的？首先，这是一段 JavaScript 代码、一个 JavaScript 函数。其次，这个函数返回了一个 HTML 的 div 标签。也就是说：

React 代码 = JavaScript 代码里混写 HTML

1.1.2　让它动起来

现在我们来加点交互功能吧，比如，让艾伦也体会一下被偷拍并且下巴卡在洞口的感觉，如图 1-1 所示。我们加几个按钮来切换头像，怎么样？

图 1-1

到目前为止，我们用 HTML 标签做的事情就像在那面墙上画画，一旦画上去了，就不会有什么改变。

那么怎样换人呢？我们就这样在墙上凿个洞：

```
function App() {
  return <div>💪{}👊</div>;
}
```

眯着眼看看，这一对花括号（{}）不像一个洞么？然后，我和艾伦纷纷从那个洞口探出头来：

```
function App() {
  let who = "👨";
  return <div>💪{who}👊</div>;
}
```

现在，如果想换成艾伦，那么只需要修改变量 who 的值。而且，我们要加一个按钮让用户来做这个操作。

```
function App() {
  let who = "👨";
  return (
    <div>
      <div>💪{who}👊</div>
      <button
        onClick={function () {
```

```
      // TODO 将 who 设置为😃
    }}
  >
    艾伦
  </button>
</div>
);
}
```

那么问题来了，我们该写什么代码来修改 who 的值呢？是不是直接给变量 who 赋值？

```
who = "😃";
```

如果我们这样写，很快就会发现按钮完全不起作用。在 React 里，我们需要用一种特殊的方法来修改数据。

```
setWho("😃");
```

这个 setWho 函数从哪儿来呢？我们需要用一种特别的方法来定义。

```
let [who, setWho] = useState("😃");
```

所以，完整的代码如下所示。

```
import { useState } from "react";
function App() {
  let [who, setWho] = useState("😃");
  return (
    <div>
      <div>👍{who}🦵</div>
      <button
        onClick={function () {
          setWho("😃");
        }}
      >
        艾伦
      </button>
```

```
    </div>
  );
}
```

你可能会觉得定义 setWho 的那行代码（上面第三行）有点怪异。它到底起什么作用？为什么需要把方括号（[]）放在等号的左边？实际上，我们可以把它拆分为等效的三行代码。

```
// 代码 1
let [who, setWho] = useState("😀");

// 代码 2：与代码 1 等效
let result = useState("😀");
let who = result[0];
let setWho = result[1];
```

之所以在等号左边用方括号，是因为我们预测到 useState("😀") 的返回值是一个数组。这是 ES6 里的解构赋值语法（Destructuring）。

所以，我们在这里定义了两个变量——who 和 setWho。后者是一个函数，我们在 button 的 onClick 事件处理器里调用它，用来改变 who 的值。

1.1.3　State

你可能已经注意到了，在代码里有一个 useState。 对的，这就是 React 里的核心概念之一——State！如果希望界面上有动态的内容，我们就需要用到 state。基本用法是：

```
const [thing, setThing] = useState("初始值");
```

第一个变量 thing 是可以放到“洞”里的数据。第二个变量 setThing 是用来修改该数据的函数，常常被称为“修改器”（setter）。按照约定，修改器的变量名以 set 打头，后面是相应数据变量的名称，在程序里调用它就可以刷新浏览器里的内容：setThing(' 新东西 ')。

另外，我们可以在一个组件里多次调用 useState，以获得并保存多个相互独立的状态：

```
const [thing1, setThing1] = useState('初始值')
const [thing2, setThing2] = useState('初始值')
...
```

State 的取值可以是字符串（string）、数字（number）、布尔值（boolean）、数组（array）甚至对象（object）。

```
const [who, setWho] = useState("😊");
const [age, setAge] = useState(5);
const [skills, setSkills] = useState(["睡觉", "发呆", "暴走", "抄作业"]);
```

1.1.4 模板：将数据从用户界面中分离

墙上凿洞描述了 React 里的一个重要思想。这里有两个相互分离的概念：

- 总体的界面结构（一般来说是静态的）；

- 数据（时不时会发生改变）。

当需要更改用户界面时，在绝大多数情况下，我们都是去操作数据，而不是直接更改界面元素（DOM 节点）。当数据变动以后，相应的界面元素会自动更改。这个思路估计听起来有点奇怪，尤其是你熟悉一些老一点儿的工具的话，比如 jQuery。在 jQuery 里，如果要更改一个 div 里的文字，我们就直接把那个 div "抓" 过来修改：

```
// 使用 jQuery
$("div#who").text("😊");


// 在现代的浏览器里，也可以直接使用 Web API，原理和 jQuery 一样
document.querySelector("div#who").innerText = "😊";
```
相比之下，在 React 里我们却去修改数据，而不是 div。

```
setWho("😊");
```

你看，上面这行代码完全没有提到 div 或者其他任何与 DOM 相关的内容。我们仅仅修改了数据，React 会自动更改 div。这是因为我们在其他地方做了一些准备工作——凿了一个 "洞" 让数据露出小脸来：

```
<div>👆{who}👋</div>
```

这也是很多其他框架里模板的概念，例如 PHP。只不过 React（还有其他同类的库，例如 Vue）是把这些模板放到客户端里来执行的。

1.2　仪式之二

"什么？还要照相啊？"

"来吧，这是照不同的相，也是必须进行的仪式之一。来，第一步，坐到那边去；第二步，右手肘放在左膝盖上；第三步，下巴放手背上。"

"要求也太多了吧！"我很不情愿地坐到那个烧焦了的树墩上："等等，第二步是什么来着？"

"右手肘放左膝盖上……不对，手肘还要再往左一点，身体要再侧过去一点，不对，侧得太多了……"

"你这是玩我啊！不拍了不拍了！"我不耐烦地站起来。

"好吧好吧，这些步骤描述起来是有点麻烦，照我这个样子摆个 pose 就行了。"艾伦说完，在原地坐下，双膝并拢，一只手肘支撑在腿上，手背托住下颌，眼神失焦，似乎若有所思，这是法国雕塑家罗丹作品《思想者》的动作。

"早说呀，不就是思想者吗？直接跟我说不行吗？当我没文化啊？"

1.2.1　声明式与命令式

咔嚓，艾伦按下了相机快门，笑着站起身来："好了，仪式完成了。"

"什么破仪式？这 React 星是照相馆吗？"

"呵呵，这个仪式是我刚刚才有的灵感，正好给你演示了 React 的一个重要特征——声明式界面编程。"

"声明式？"

"对，英文是 Declarative programming。刚才我直接给你摆那个《思想者》的姿势，你一下就领悟到了我想要的结果，这就是声明式。"

"那你最开始说的什么三个步骤是什么式？啰唆式？"

"那叫命令式，英文是……"

"果然是啰唆式，还非要啰唆个什么英文名。"

"咳，命令式编程的英文名是 Imperative programming。你想称它为啰唆式也行，反正你目前用 jQuery 写程序的方式就是这么啰唆，第一步做什么，第二步做什么，什么时候创建一个 DOM 元素，用哪个 Web API。你要下达明确的命令，代码才会正常工作。"

"写代码不是下达命令是什么？难道声明式不一样？"

"当然啊，在 React 里，你只需要描述一下所期望的最终结果，中间步骤就由 React 代劳了。"

艾伦说得兴起，拣了根树枝在地上画起来。

```
function App() {
  return <div>LOL</div>;
}
```

"你看，还记得这段代码吧？这个组件写好以后，浏览器里就有一个 div 了。"

"这不就是 JavaScript 里混写了一段 HTML 吗？"

"是差不多，不过别忘了，你还可以在上面挖个洞显示动态内容，对吧？"艾伦又加了一行代码。

```
function App() {
  const [who, setWho] = useState("😀");
  return <div>👈{who}👊</div>;
}
```

"调用 setWho 以后，浏览器里的内容就变了。相同的需求，如果用 jQuery，那么你要怎么做？"艾伦说完，把手里的树枝递给我。

"那得先查询取得那个 div 元素的引用，再根据 who 的值修改它的文字内容。或者直接用浏览器 API，document.getElementById，然后设置该元素的 innerText 也可以。"我也在地上写下代码。

```
let element = document.getElementById("who-div");
element.innerText = "新内容";
```

"对啊，那不就相当于我最开始跟你说的啰唆三步吗？考虑了好多实现细节，第一步该怎么做，第二步又用哪个 API。而你看看 React 的代码，我根本没提要用浏览器 API。"

艾伦用树枝指点着代码的一部分——<div>👈{who}👊</div>——继续说道："这段就相当于我直接给你示范《思想者》的姿势，只说明我想要的结果，具体该怎么做你一看就明白了。传统的 Web 编程方式，比如 jQuery 或浏览器 API 是命令式；而 React、Vue.js、Angular、Svelte 等新生代 Web 框架都是声明式。"

我点点头："好像是挺好的，这样可以把更多的时间花在具体的业务需求上。"

估计是嫌在地上写麻烦，艾伦从兜里摸出一张皱巴巴的打印纸递给我，上面有一段更长的代码。

```
function openDialog() {
  const div = document.getElementById('container')
  // 1. 需要跟踪系统内部状态：dialog 是否已经存在？
  // 2. 根据当前系统状态下达行动命令：如果不存在
  // 就创建 dialog；否则不用重新创建那个 div 了
```

```
if (!document.getElementById('dialog')) {
  const dialog = document.createElement('div')
  dialog.appendChild('div')
  dialog.appendChild('button')
  ...
  div.appendChild(dialog)
}
div.style = 'display:block;'
}
```

"除了啰唆，命令式编程还有一个主要的问题。你看，这段代码可以打开一个对话框，是用浏览器 API 写的。我们需要一直在脑中跟踪系统内部状态，例如，对话框的 div 是否已经创建过了，并根据不同状态写出相应的处理代码。想象一下，在一个真实的系统里，一个页面上动辄有几十个甚至更多的动态元素，这些元素之间甚至还相互依赖，要跟踪每一个元素的当前状态是多么困难，相应的处理代码会有多么晦涩难懂。"

"相比之下，使用声明式编程就轻松很多。"

```
function App() {
  const [isDialogVisible, setIsDialogVisible] = React.useState(false)
  ...
  // 要打开对话框? 一行代码搞定!
  function openDialog() {
    setIsDialogVisible(true);
  }
  return (
    // 描述出所期望的最终结果:
    <div style={styles.app}>
      <div>主控界面</div>
      {isDialogVisible && dialog}
    </div>
  )
}
```

"你注意看，我们只需要描述所期望的最终结果，至于像对话框是否已经存在、该不该重新创建 DOM 元素这些都属于实现细节，交给 React 处理就好了。React 将大部分烦琐的 API 细节和状态跟踪都处理妥当，让我们聚焦于业务逻辑，而不是一次又一次地重新发明轮子，费劲地跟浏览器较真。"

　　"嗯，有道理，你这么说倒让我想起来另一种语言，就是查询数据库的 SQL。似乎也是声明式的？"

　　"对啊！学得很快嘛，呵呵。SQL 是典型的声明式语言。"

```
SELECT * FROM snacks
```

　　"你看，这句 SQL 只是定义了需要从哪个表取出数据、需要取出什么数据，这是跟业务逻辑息息相关的信息。而具体的实现细节就由数据库引擎代劳了，比如判断数据库到底是在本地还是在远程服务器中、如何读写数据库文件、如何使用索引，等等。"

　　"哦，那么 CSS 也算是声明式了，因为我们只会关注想定义的样式，至于如何将这些样式应用到 DOM 树上、如何优化浏览器渲染等具体实现步骤，都可以放心地交给浏览器来完成。"

```
body {
  font-size: 16px;
  padding: 8px;
  background: #fefefe;
}
```

　　"是的是的。当然，从根本上来讲，计算机是命令式的，我们最终还是需要给它下达具体的行动指令，例如读写哪个寄存器、加法、移位，等等。数据库引擎和 CSS 处理器中肯定有很多命令式的实现，React 的核心代码里也肯定调用了很多命令式的 DOM API，例如 document.createElement、element.removeChild，等等。"

　　"那就是说，声明式其实是命令式的一种抽象，对吧？所有的声明式语言或框架都是以某种命令式的实现为基础的。"

　　"说得好！所以要记住了，声明式是 React 中最主要的编程方式，在绝大多情况下只需要描述你想要的最终结果就够了，不要在 React 程序里混写 jQuery 或者 document. createElement 哈！"

1.2.2　响应式

艾伦停下来喝了一口水，继续说道："对了，你知道 React 这个名字是怎么得来的吗？"

"我正想问你呢。我查过，React 翻译成中文是'反应'的意思。它到底要反应什么？"

"目前更通用的翻译是'响应'，因为 React 的工作方式是所谓的'响应式'。"

"响应式？响应什么？"

"其实我们刚才已经看到了，写程序时只需要将数据与相应界面元素关联好，之后不需要再做任何干涉，比如这段代码里的 who，我们把它放到大括号里就算关联好了。"说着，艾伦在地上的代码上画了一个圈：

```
function App() {
  const [who, setWho] = useState("😀");
  return <div>👋{who}👐</div>;
}
```

"当数据发生变化时，React 将自动对相关 DOM 元素做相应的调整。这样看起来就像是 DOM 响应了数据变化的号召而自发地做出更改，我们并不需要手动跟踪数据的变化，也不需要担心何时更改 DOM，React 将代劳一切。这就是响应式。"

"呵呵，响应数据变化的号召，这种说法我还是头一次听说。所以说声明式是响应式的基础，对吧？"

"对。还有啊，有人说实际上 React 并不是真正从头到尾完全的响应式，只是对于 DOM 的更改是响应式的而已。我觉得也有一定道理。"

"哦？这是啥意思？"

"你想啊，要让界面发生变化，我们必须手动地调用 setWho 函数，这个过程跟写一个更改 DOM 的函数然后调用它其实挺像的，也是用命令式的方式描述了具体操作步骤。而在其他的一些框架里，比如 Angular、Svelte 或 VueJS 里，直接修改变量 who 的值就可以实现界面改动了。"

"哦？那岂不是更方便了？那 React 为啥没用这种方式呢？"

"这两种方式应该是各有优缺点的，React 这种方式用起来烦琐一点，但代码写完以后查找 Bug 更方便，因为可以一直沿着函数调用栈追溯到肇事的代码。"

"嗯。今天我算是学到了，声明式、响应式，还有那个啰唆式。"

"声明式和响应式是 React 的基本特征。别忘了，我们现在是在代码维度，这里是 React 星，周围的物体都是按照这些规则运行的代码。比如这根棍子、这个木桩、那座房子。我们自己也得小心遵循同样的规则，不然搞不好会发生性命攸关的大事。"

"呵呵，别唬我，有那么厉害吗？"

1.3 初展神迹

我们四处搜索，希望能找到一位当地居民来打听灵修院的位置。为什么要用打听这种"高效"的办法？艾伦告诉我，React 星的时间流速比人类所在的宇宙快很多，从我们的角度来看，可以说是顷刻间沧海桑田，所以脑机系统还做不到实时跟踪搜索。目前最好的办法是进入这个世界，与其时间同步，用这儿的方法来查找。找当地居民问一问，总比自己瞎转的好。唉，这造物主当的，找个地方都这么难！

正行进中，前方忽然传来一阵哭声。

"完了，全完了。"我们循声望去，只见一位老人正坐在一座烧焦的房子废墟前掩面痛哭。询问以后才得知，老人刚刚去了一趟集市，回来发现他独住了多年的茅屋被大火烧毁了。

我于心不忍，想从口袋里掏出钱包尽点绵力，不小心连同那个吊坠掏了出来。

老人见到吊坠大惊失色，颤颤巍巍地要向我们拜倒，我们赶紧挽起老人。原来，根据 React 星上的传说，持有这种吊坠的人具有与造物主通灵的能力。我忙告诉他我只是帮朋友捎东西。

"大叔，您听说过灵修院吗？"艾伦问道。

"没听说过……唔，好像……好像画师提起过，唉，人老了记性不好。"

听到"画师"，我心里咯噔了一下。上次就是因为那个画师，我差点被困在 React 星回不去。

"这里是去 index 神殿的必经之路，但你们要小心啊，不知道怎么了，最近一个月去神殿的人我还没见到一个回来的。唉，好日子一去不回头喽。"

记忆中，只要沿着那条蜿蜒的碎石子路一直走，就能找到神殿。但那片曾经散发着芬芳的蓝草地已被野火烧尽，漫天的烟尘和雾气混杂在一起，让人难以辨认正确的方向。我们深一脚浅一脚地前行，大概走了一个小时，神殿的尖顶忽然在远处若隐若现。我一阵欣喜，招呼艾伦赶快赶路，谁知刚刚爬过一个小土坡，前方骤然出现一道悬崖，仿佛一柄巨斧把来路拦腰斩断。不记得路上有这道悬崖啊！

我走到悬崖边，遥望着对面烟雾笼罩中的石子路，愁容满面，艾伦却分外气定神闲。只见他从包里摸出一个金属立方体，一侧有三根尖针，他把立方体摆在悬崖边的路上，用力将尖针插入土中，立方体上方便投影出一个虚拟屏幕。他告诉我这是"观察者窗口"，通过这个窗口，我们能够以造物主视角观察周围的事物，也就是能看到决定它们宏观形态的代码。尽管使用这个窗口有诸多限制，例如必须将尖针插入待观察的物体，用来在这悬崖上搭座桥估计也够了。好吧，姑且认为搭桥是一种神迹。

艾伦在屏幕前捣鼓了一阵，熟悉的进度条显示完毕，我们看到了悬崖的真相。

原来，这段路对应了一个 React 组件，但是其中的主要功能没有实现，只留了几个"TODO"在代码里。难怪是悬崖！不知道是谁写的代码，放个"TODO"就算完事了？

```
function App() {
  return (
    <div>
      <input type="text" />
      <button
        onClick={function () {
          // TODO 第一步：获取文本框内容，并添加一个☺
          // TODO 第二步：将新内容写回文本框
        }}
      >
        ☺
      </button>
    </div>
  );
}
```

艾伦进一步观察发现，这是一段聊天窗口的示例程序，其界面包括一个文本框加几个表情符按钮，设计目标是当用户点击这些按钮时，相应的表情符就被添加到文本框里。

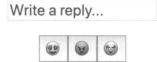

艾伦说，如果把正确的代码填上去，应该就能在悬崖上搭座桥了。他坚持要求我来写这段代码，说是对我这种新人的一种历练，正好让我用一用刚才照相学到的思维模型。切！我可不是小白，写过那么多年的 Web 应用，现在做个文本框算啥！写就写，谁怕谁？

1.3.1　获取文本框内容

第一步怎么实现？如何才能获取文本框里用户输入的内容？

嗯，这难不倒我，用浏览器 API 把文本框"抓"过来：

```
<button
  onClick={function () {
    // TODO 第一步：获取文本框内容，并添加一个☺
    let input = document.getElementsByTagName('input').item(0)
    // TODO 第二步：将新内容写回文本框
  }}
>
```

敲完这段代码，我还在自鸣得意，忽然看到悬崖对面好像晃了一下，不对，是我脚下的地面在晃。地震？！我吃惊不小。艾伦一个箭步冲过来，删掉我刚写的那行代码，地震立马停止，不过还是将许多石块震落悬崖。这下可好，桥没开始建，悬崖却越变越宽了。

"你看，你看，这么快就忘了吧？在 React 里可是声明式编程，一般不需要直接操作 DOM。说过了搞不好就会发生性命攸关的大事。"艾伦颇严肃地说道。

"哦，Sorry，我还是在按以前的旧模式思考，想把文本框'抓'过来取它的值。"我满是歉意。

看来适应新的思维模式不容易啊！在 React 里，数据和界面元素是分隔开的，要想获知界面元素的状态，比如用户的输入内容，在绝大多数情况下，我们都应该关注数据，而不是直接访问 DOM。

现在已经写好的 input 和 button 描述了界面的静态结构，就像那堵拍照墙上的画。如果想要动态的数据（即用户输入的内容），就需要先声明 state，再用花括号凿个洞。于是，我小心翼翼地加上 state 的相关代码：

```
function App() {
  const [draft, setDraft] = useState("");
  return (
    <div>
      <input type="text" value={draft} />
      ...
    </div>
  );
}
```

看到这里，我恍然大悟，文本框的内容应该是和 draft 同步的，所以，第一步应该这样实现：

```
<button
  onClick={function () {
    // 第一步：获取文本框内容，并添加一个☺
    let newDraft = draft + "☺";
    // 第二步：将新内容写回文本框
  }}
>
  ☺
</button>
```

实际上，对于"文本框里有什么内容？"这个问题，更好的问法是"谁藏在拍照墙后面？"或者是"与文本框对应的数据的值是什么？"

1.3.2　将新内容写回文本框

目前完整的代码是这样的：

```
function App() {
  const [draft, setDraft] = useState("");
  return (
    <div>
      <input type="text" value={draft} />
      <button
        onClick={function () {
          let newDraft = draft + "☺";
          // 第二步：将新内容写回到文本框
        }}
      >
        ☺
      </button>
    </div>
  );
}
```

做完了第一步获取文本框内容的操作，我开始寻思第二步——如何修改文本框的内容？是不是把文本框的实例"抓"过来并修改？

```
document.getElementsByTagName("input").item(0).value = newDraft;
```

哦，不对不对，记住，**永远关注数据**！我反复提醒自己。不等这段代码产生什么效果，我就删掉了它，不然这次恐怕要把我们脚下这小土坡给震塌了。

因为在 HTML 里写了 value={draft}，现在只需要改改数据就够了，文本框 DOM 的内容会自动刷新，响应式界面编程嘛！

```
setDraft(newDraft);
```

敲完这行代码，只听见呼呼风声，先前落下悬崖的石块又飞回原地，如同倒放镜头一般。

1.3.3 修复文本框

我满心欢喜地测试刚写的代码。表情符按钮正常运行！文本框……好像有点问题，在里面打字时，文本框里什么也没出来。我的心跳开始加快，生怕又来一个地震海啸什么的。

艾伦让我再仔细检查一下代码：

```
function App() {
  const [draft, setDraft] = useState("");
  return (
    <div>
      <input type="text" value={draft} />
      <button
        onClick={function () {
          let newDraft = draft + "😊";
          setDraft(newDraft);
        }}
      >
        😊
      </button>
    </div>
```

```
  );
}
```

原来，因为我写了 `<input value={draft}/>`，所以文本框的内容必须跟变量 draft 一致，要改文本框就必须改 draft 的值。那怎么改 draft 的值呢？唯一的方法是调用 setDraft 函数。而我只在按钮被点击时调用了该函数，并没有描述用户在文本框里打字时该做什么。所以，即使把键盘敲烂，文本框的内容也亘古不变！

艾伦告诉我，要让文本框正常工作，需要加一个 onChange 事件处理器调用 setDraft：

```
<input
  type="text"
  value={draft}
  onChange={function (event) {
    // event.target.value 是用户在键盘上输入的内容
    setDraft(event.target.value);
  }}
/>
```

我再次测试，文本框和表情符按钮终于可以同时正常工作了。我如释重负，满怀期待地望向悬崖，不知道出现的会是木桥还是铁索桥？忽然，地面又开始微微震动，难道还是不对？我惊惶地检查代码，艾伦却微笑着指向断崖底部，在轰隆声中，只见底部整个地面都在缓缓上升，悬崖变得越来越浅。这比修桥可好玩多了，我大呼过瘾，这神迹还算拿得出手。

1.3.4　在 React 代码里使用 CSS 样式

崖底地面继续上升，激起的砂石灰尘将我们团团围住。艾伦让我快给刚才的代码加点 CSS 样式，至少让我们能看清通向对面的路是否已经铺平。

我想，既然是在 JavaScript 代码里混写 HTML，那么我按照 HTML 的格式加上 class 属性不就行了？（如下代码中次要部分用 …代替）

```
<div class="clear-sky">
  <input .../>
  <button ... />
</div>
```

谁知等了半晌，周围的能见度没有丝毫变化。艾伦咳嗽着让我把 class 改成 className，再在文件开头加一句 import"./styles.css"。这一招果然立竿见影，灰尘开始渐渐消散，慢慢地可以隐隐约约看到，脚下的小路一直延伸到了对岸。这真是一条"小"路啊，只有大概 11 厘米宽，两边仍然是万丈深渊。这种路我可不敢走！

还好我们是这里的上帝嘛，解决方案是用 style 属性将 input 的宽度加大，我又敲了几个字母进去：

```
<div className="clear-sky">
  <input ... style="min-width: 200px;" />
  <button ... />
</div>
```

艾伦也没多说什么，直接在代码上做了一些修改：

```
<div className="clear-sky">
  <input ... style={{ minWidth: 200 }} />
  <button ... />
</div>
```

我"哦"了一声。只听轰隆声再起，面前的一段小路被涌起的岩石加宽到了两米，这下好多了。至于要将路一直"修"到对面，还有几段代码需要做类似处理，我开始照猫画虎。

艾伦打断我，让我再仔细看看完整的代码：

```
// 1. 需要导入 CSS 样式文件
import "./styles.css";
function App() {
  const [draft, setDraft] = useState("");
  return (
    // 2. 这里用 className 而不是 class
    <div className="clear-sky">
      <input
        // 3. 这里与 HTML 格式不同，HTML 格式为style="min-width: 200px;"
        style={{ minWidth: 200 }}
```

```
    type="text"
    value={draft}
    onChange={function (event) {
      setDraft(event.target.value);
    }}
  />
  <button
    onClick={function () {
      let newDraft = draft + "😶";
      setDraft(text);
    }}
  >
    😶
  </button>
</div>
);
}
```

他问道："你不觉得奇怪吗？为什么这里的代码格式跟 HTML 不一样？为什么这里有双层大括号？"

"有什么奇怪不奇怪的，有作用就行，想那么多干吗？"我说。艾伦无奈地摇了摇头，任我兴奋不已地继续"修路"。

过了大概半小时，路已经修好了大半，对面的景色也清晰可见，我看到那里立着一堵矮墙，墙面有一个圆形的洞口。这不又是一面拍照墙吗？这个破地方还有人喜欢拍照留念？艾伦却高兴起来，也不顾前方还有一段 11 厘米宽的路，拿上他的即时打印相机，背上三脚架，说去去就回。

1.4　拍照墙的伪装

拍照墙有什么好玩的？用得着这么奋不顾身吗？我从来都讨厌拍照，便由艾伦自拍去了。

又忙了大概半小时，小路全被加宽，我想这下安全了。咦？艾伦怎么还没回来？自拍能玩到这么投入？我决定去看看他在拍什么写真。来到拍照墙跟前，我才发现艾伦早已不见踪影，只剩他的三脚架孤零零地立在那里，上面的照相机还在不停地工作，相片散落了一地。

又跟我玩消失？我大喊艾伦，周围却一片寂静，除了咔嚓咔嚓的拍照声。我开始在满地的相片中翻找线索，在艾伦的各种卖萌耍酷表情中，一张相片引起了我的注意。相片中，一只灰白色的动物面对着镜头，口中含着什么东西，挂在嘴边的仿佛是……两条人腿！那只脚上穿着的分明是艾伦的阿迪达斯运动鞋！我不禁全身寒毛倒竖，抬头望向那堵灰白色的拍照墙，那是和相片中的动物一样的灰白色。我跌跌撞撞地倒退几步，哆嗦着又捡起了几张相片，终于看到那惊悚的真相。原来，拍照墙是那怪物用来吸引猎物的伪装，镂空洞口正是它的血盆大口，将可怜的艾伦囫囵吞下。

我脑中一片空白，完了完了！怎么救艾伦？还有救吗？正在我心神不定时，视野中忽然出现了一行发着蓝光的字：

◎ React 思维模型：JSX 是伪装成 HTML 的 JavaScript 代码。

哦，脑机又要给我灌输知识了，但是我得去救人啊！不过，这个思维模型也许跟救人有关？我坐下来开始冥想。

1.4.1　JSX

吞掉艾伦的那个墙怪就住在下面这个组件里：

```
function App() {
  return <div>🤚😑🤜</div>;
}
```

其实，这个组件是一个 JavaScript 函数，并返回了一个值（return 后面的部分）。那么，这个函数到底返回了什么？

……

一个 HTML 标签？

一个字符串（string）？

一个特殊的 html-tag 值？与 JavaScript 里的数字（number)或者布尔值（boolean）差不多？

……

对不起，猜错了！

原来，那面墙并不是真正的拍照墙，混写在 React 代码里的标签也不是真正的 HTML，而是一种特殊的标签，大名叫作 JSX。这里的"JS"指的是 JavaScript，"X"有扩展（extension）的意思，也表示它与另外一种标记语言 XML 其实更接近，不过就算你没听说过 XML，也不妨碍理解和使用 JSX。

JSX 只是伪装成 HTML 标签，其实质是 JavaScript 代码。在发送到浏览器执行之前，React 开发工具将 JSX 标签自动转换为相应的 JavaScript 代码。比如：

```
<div>🤚😑🤜</div>
```

与下面的代码是等效的：

```
_jsx("div", { children: "🤚😑🤜" });
```

这里的 _jsx 是开发工具自动导入的一个函数：

```
import { jsx as _jsx } from "react/jsx-runtime";
```

 注 ....

在 React 17 发布之前，该 JSX 标签与这个函数调用等效：React.createElement ('div',{},"👎😐👊")。不过，因为 React 核心团队计划将 jsx-runtime 移植到 React 17 之前的版本，所以在此我们仅讨论 _jsx 这种形式。

....

所以，本节开头的组件可以重写为

```
import { jsx as _jsx } from "react/jsx-runtime";
function App() {
  return _jsx("div", { children: "👎😐👊" });
}
```

这样的代码看起来更合理，对吧？在 App 函数里，我们调用了 _jsx 函数并且返回其结果，这个函数接收了两个参数——"div" 和 { children: "👎😐👊" }。

1.4.2　JSX 的属性

既然 JSX 标签实际上是一个函数调用，那么猜猜看下面这个标签转换成 JavaScript 是什么样子的？

```
<div className="mr-wall" />
```

答案：

```
_jsx("div", { className: "mr-wall" });
```

这个函数调用仍然有两个参数，第一个参数是元素的类型，第二个参数则是包含了所有属性的一个对象。

1.4.3　嵌套标签

那么，这个标签呢？

```
<div>
```

```
  <button />
</div>
```

答案：

```
_jsx("div", { children: _jsx("button") });
```

这个标签跟前面的类似，children 是一个特殊的属性，包含了嵌套在 div 里的标签，或者说是 div 的 "孩子"。而 button 同时也是一个 jsx 标签，所以 children 的值是再一次调用 _jsx 的结果，而不是一个简单的字符串。

再来看一个：

```
<div>👍{alan}👊</div>
```

答案：

```
_jsx("div", { children: ["👍", alan, "👊"] });
```

当有花括号时，标签内容将被拆分为多个 "孩子"，并包括在一个数组内。因为 alan 不是字符串，而是定义在目前作用范围内的一个变量，所以在转换后的代码里没有加引号，而是直接引用了 alan。

最后一个例子：

```
<div className="container">
  <div className="mr-wall">👍{alan}👊</div>
  <button />
</div>
```

转换成 JavaScript：

```
_jsx("div", {
  className: "container",
  children: [
    _jsx("div", { className: "mr-wall", children: ["👍", alan, "👊"] }),
    _jsx("button"),
  ],
});
```

有了 JSX，我们可以轻松地把 HTML 代码移植到 JavaScript 里，并且保持其简练易读的特性。

1.4.4　_jsx 的返回值

那么，_jsx 到底返回了一个什么结果呢？是不是 DOM 元素？我们不妨把函数的返回值打印出来瞧瞧。

```
function App() {
  const result = _jsx("input", {});
  console.log(result); // 打印到控制台
  return result;
}
```

控制台的结果如下：

```
Object {type: "input", key: null, ref: null, props: Object, _owner: null}
```

看到了吧？_jsx 函数创建并返回了一个简单的 JavaScript 对象，跟 DOM 元素没啥关系。这个对象的正式名称是 React 元素（React element），其作用只是描述我们期望在浏览器中看到的结果。

1.4.5　原来就是一个表达式

你知道吗？我们可以把 JSX 标签赋值给一个变量：

```
let content = <div>咔嚓 </div>;
```

或者将其作为参数在调用函数时传过去：

```
showAlert(<input />);
```

或者打印在控制台上：

```
console.log(<div>👍😀👊</div>);
```

为什么可以做到这些呢？

这并不是魔法。这仅仅是因为 JSX 标签是函数调用（_jsx(...)）。既然是函数调用，JSX 标签就是一个 JavaScript 表达式，可以写在任何能容纳表达式的地方。

最后，你知道为什么下面这段代码不能工作吗？

```
const div = <div />;
div.appendChild("input");
```

_jsx 创建的只是一个简单的对象,并不是 DOM 节点。所以它没有 appendChild 方法供我们调用!

你看,这就是了解 JSX 实质的好处。在 React 星上,这是生死攸关的大事。而作为造物主,只有对底层的知识有足够的了解,才能更加自如地呼风唤雨:真正理解自己写的代码,自由地表达你的想法,充分利用各种语言和框架的不同特性。

1.4.6 理解 JSX 和 HTML 的区别

不管 JSX 标签怎么伪装,它毕竟不是 HTML。实际上,JSX 跟 HTML 之间有很多不同,比如我们在前面看到的使用 CSS 样式上的区别:

```
// JSX
<input style={{ minWidth: 200 }} />


// HTML
<input style="min-width: 200px" />
```

为什么这里有两层大括号?为什么不是单层大括号?为什么不是引号?

第一层括号实际上就是墙上的那个"洞"(墙怪的嘴),而第二层括号是 JavaScript 对象的界定符。所以,这里的 style 属性的值是一个对象,这也解释了为什么括号内是 { minWidth: 200 },而不是 { minWidth: 200px } 或者 { min-width: 200px },因为后面两个都不是对象的正确写法。基于同样的原因,当 CSS 属性值不是数字时,我们需要使用引号,比如,设置背景颜色时用 <div style={{ background: "red" }}>,而不是 <div style={{ background: red }}>。

当然,上述是标准 React 支持的方法,有一些第三方库(如 styled-components、emotion)可以让我们在 JavaScript 代码里加入真正的 CSS 代码,其格式完全原汁原味。我们甚至可以直接从网上复制一段 CSS 代码放到程序里,不过这些库的实现仍然基于上述的标准方法。

再举一个例子,HTML 的按钮可以这样写:

```
<button onclick="alert('OK')">OK</button>
```

而 JSX 版本是这样的：

```
<button onClick={() => alert("OK")}>OK</button>
```

至少有两个地方不一样：第一，HTML 版本的属性名是全小写的，而在 JSX 里的属性是驼峰式命名（camel case）；第二，两者的 `onclick` 属性值很不一样。

为什么会有这些区别呢？原因只有一个，JSX 标签根本就是 JavaScript 代码。如果把按钮的 JSX 改写成 JavaScript，就真相大白了。

```
_jsx("button", { onClick: () => alert("OK") }, "OK");
```

这里，`onClick` 的取值是一个匿名的箭头函数（arrow function），所以才会有那些括号和箭头。

为什么不把两种标记语言做得一模一样呢？记住，其根源还是因为 JSX 就是 JavaScript 代码，要遵循 JavaScript 代码规则。当然，我们还可以把 JSX 看成增强型的 HTML，因为它可以支持自定义标签等高级功能，这是后话。

最后，把 JSX 和 HTML 两者之间一些常见的区别列出来，见表 1-1 。

表 1-1　JSX 和 HTML 的常见区别

比较项目	JSX	HTML
闭合要求	所有标签都必须闭合，比如 ` `、`<div></div>`	有一些标签不用闭合，比如 ` `
属性命名标准	驼峰式命名，如：`<button onClick={{() => alert("OK")}}>`	全小写，如：`<button onclick= "alert('OK')">`
自定义标签	支持。自定义组件名可直接用作标签名，如：`<MyComponent />`（见第 2 章）	无（除非使用 web component）
模板支持	在标签特定的位置可使用大括号 `{}` 插入动态内容	无
引用 CSS 类	使用 `className` 属性，如：`<div className="container">`	使用 `class` 属性，如：`<div class="container">`
内嵌样式	使用 `style` 属性，其值为一个对象，如：`<div style={{ background: "red" }}>`	使用 `style` 属性，其值为包含 CSS 样式的字符串，如：`<div style="background: red;">`
textarea	`<textarea value=" 文本框内容 " />`	`<textarea> 文本框内容 </textarea>`

续表

比较项目	JSX	HTML
label	`<label htmlFor="input-id">`	`<label for="input-id">`
select	使用 select 标签的 value 属性标识当前选项，如：`<select value="🐯">...</select>`	使用 option 标签的 selected 属性标识当前选项，如：`<option selected>🐯</option>`

1.5　手翻书

我惊慌失措地奔回，想拿上观察者窗口修改那怪物的代码，总之就算救不回艾伦也要把那害人的怪物除掉！这时，屏幕上显示接收到一条新消息，我打开一看，消息竟然是艾伦发的！

靠！这破墙竟然是怪物伪装的！我被吞进去了。不过先别哭，我暂时还没事。就是被关在这里太无聊了。快来救我吧，只需要 !FEag#2gsadg#@

消息以一堆乱码收尾，可能是肚子里信号不好？不过，我还是松了一口长气，这吓死人的 React 星。那么，怎么放艾伦出来呢？划开怪物的肚皮？我从衣袋里摸出刚刚捡回来的相片，试图找出一点线索。那个相机倒是很给力，把整个事发过程都一帧一帧地记录下来了。我忽然想起了小时候玩过的手翻书，一时童心大起，把一张张相片按时间戳排列好，摞整齐，手指捏着页边一翻，艾伦的悲壮经历跃然眼前。

也许是冥冥中自有安排，没想到我的无心之举竟然跟 React 世界的规律有关，我玩了一遍手翻书以后，又有一行蓝字出现在我的视野里。

React 思维模型：一次组件渲染，一页手翻书。

React 的工作过程就像播放手翻书动画。每调用一次组件，组件就返回手翻书的一页，调用多次，装订起来，快速一翻就形成了完整的交互界面。React 调用组件函数的过程一般被称为"渲染"（render）。还记得吧，在 React 中我们采用声明式编程：任务是在程序中描述所期望的最终结果，具体到这个渲染过程来说，使用 JSX 描述的是手翻书动画的每一帧。

当时的情形是这样的：

```
const wallActions = ['静候', '变身', '吞咽', '静候']
const alanReactions = ['卖萌', '惊恐', '挣扎', '受困']

function App() {
  console.log("新一帧") // 加了这一句代码，方便跟踪程序运行状况
  const [timeline, setTimeline] = useState(0)
  return (
    <div>
      <div>拍照墙：{wallActions[timeline]}</div>
```

```
    <div>艾伦：{alanReactions[timeline]}</div>
    <button onClick={() => setTimeline(timeline+1)}>下一动作</button>
  </div>
  )
}
```

运行这段程序并观察 JavaScript 控制台，一开始会出现一行提示：**新一帧**。这说明函数 App 被调用了一次。第一次调用的返回值如下（为了易读，我用了 JSX，实际上应该是一个对象）：

```
<div>
  <div>拍照墙：静候</div>
  <div>艾伦：卖萌</div>
  <button onClick={function ...}>下一动作</button>
</div>
```

咔嚓……注意，一张相片拍好并打印出来了。

当用户单击"下一个动作"按钮后，按钮的事件处理器函数就会执行：()=>setTimeline (timeline+1)，这将把 timeline state 设置为 1。这时，控制台上会再次出现提示：**新一帧**，函数 App 又被调用了一次。这一次的调用返回值为：

```
<div>
  <div>拍照墙：变身</div>
  <div>艾伦：惊恐</div>
  <button onClick={function ...}>下一动作</button>
</div>
```

咔嚓……又打印出一张！这次，拍照墙和艾伦的动作都与上一张不同。

如果现在又单击"下一动作"，情况类似，咔嚓……又会打出第三张相片。

你注意到了吗？每次调用 setTimeline 函数后，组件函数 App 都会被执行一次，会打印出新的一张相片（返回一组新的 React 元素）。这个过程被称为"渲染"（render）。

前面说过，组件函数返回的是 React 元素，其实就是一个 JavaScript 对象，并不是 DOM 元素。我们写组件时遵照的是声明式编程，只管正确地打印这些相片（也就是手翻书动画的每一帧）就够了，至于具体怎么更改 DOM 元素、如何在浏览器里呈现交互效果，全由 React 代劳。

如果你并不关心艾伦的生死，而是想看一个更接近实际应用的例子，那么请看如下观察者窗口控制界面代码的简化版，其中包含了一个消息对话框：

```
function App() {
  console.log("新一帧") // 加了这一句代码，方便跟踪程序运行状况
  const [isDialogVisible, setIsDialogVisible] = React.useState(false)
  const dialog = (
    <div style={styles.dialogBackdrop}>
      <div style={styles.dialogContainer}>
        <div>艾伦：靠！这破墙竟然是怪物伪装的！我被吞进去了。不过先别哭，我暂时还没事。就是被关在这里太无聊了。快来救我吧，只需要! FEag#2gsadg#@ </div>
        <button onClick={() => { setIsDialogVisible(false) }}>关闭</button>
      </div>
    </div>
  );
  return (
    <div style={styles.app}>
      <div>观察者窗口主控界面</div>
      <button onClick={() => { setIsDialogVisible(true) }}>打开消息对话框</button>
      { isDialogVisible && dialog }
    </div>
  );
}
```

如果用户单击文字为"打开消息对话框"的按钮，并单击"关闭"按钮，那么 JavaScript 控制台上会出现几行文字"新一帧"？

……

答案是：三行。第一行：App 组件首次渲染；第二行：单击"打开消息对话框"按钮后再次渲染，第三行：单击"关闭"按钮后再次渲染。

1.6　诱饵

艾伦发来第二条信息告诉我，别看观察者窗口修个路什么的很好使，但它对于活物的作用有限，要救他就必须按这个世界的规则行事，需要把拍照墙打回它的怪物形态；要让它变身则必须放诱饵到它嘴里，也就是那个镂空的洞口。最明显的诱饵当然是我自己，不过还是算了吧！

好歹我是造物主，我想，既然怪物是一个 JavaScript 函数调用，那么它喜欢的猎物八成是函数的参数，也就是说放一个表达式到它嘴里说不定就可以了。想到这里，我往观察者窗口里敲了一行代码：

```
let bait = "🍔 + 巴豆";
```

顷刻间，一个纸袋出现在我手边，里面装着一个香喷喷的汉堡，特别添加独具润肠通便效果的四川巴豆。艾伦啊，你就别计较是从哪个口出来了吧。

我拿着汉堡再次来到拍照墙前。来，吃点零食吧……我用树枝把纸袋挑起来小心翼翼地伸进镂空洞口。然而，拍照墙没有丝毫动静。

我正寻思要不要换个其他诱饵时，突然看到拍照墙微微一动，那个洞口迅速扩大，墙面弯曲变形，转眼间变身为相片上的那个怪物，口里吐出的热气让我的手瑟瑟发抖。我知道，如果此刻缩手，艾伦至少会被再困一天，心里大喊乖乖你快吃啊，却不敢发出半点声响。只见那怪物张开大嘴往下咬，咬到一半时，却被什么东西噎着了。待我细看时，一根棍子撑住了怪物的上下颚，接着，艾伦便从它的喉头爬了出来。尚未在地面站定，艾伦便回身把汉堡塞入怪物口中，再顺势抽回棍子，动作迅捷无比。一阵奇怪的咕噜吱吱声过后，怪物又变回了看似无害的拍照墙，张大嘴静静地等待着下一个猎物。

艾伦抬手抹掉脸上黏稠的液体，嬉皮笑脸地要我站过去拍照。亏他还笑得出来！

其实，艾伦早就知道那个拍照墙和上面的 HTML 只是一种伪装，他去拍照并非出于无聊，而是看我对 JSX 的格式不求甚解，想带回一点证据让我加深印象，只不过他也没想到会出来这么一个恐怖怪物。原来，为了让人理解 React 星这个异域世界，脑机会结合参与者的记忆与潜意识呈现出一个相对符合我们的逻辑的世界，八成是因为我那天看了《异形》电影，害得艾伦差点英勇就义。这也解释了为什么这里的居民看起来跟人类没什么两样，一定也是根据我们的逻辑呈现出来的，不然也许我会看到一堆难以理解的符号。

不过他的一番苦心倒是没有白费，我这辈子也忘不了这伪装成拍照墙的怪物，居然还爱吃汉堡。

1.6.1 墙怪爱吃表达式

实践证明，墙怪爱吃放在变量里的汉堡，也就是说，JSX 的大括号里可以放变量：

```
<input value={bait} /> // 变量 bait
```

但是，别忘了，如下 JSX 也是合法的：

```
// 数字 40 和 200
<input type="range" min={40} max={200} />


// 函数
<button onClick={() => alert("救救俺！")}>求救</button>
```

而且，其实第一个例子是下面这个标签的简写：

```
// 字符串 "range"、数字 40 和 200
<input type={"range"} min={40} max={200} />
```

这样看来，似乎很多东西都可以放到大括号里。其实上面所有的例子都有一个共同点：括号里的内容都是 JavaScript 表达式（我先前的推测是正确的，既然墙怪是函数调用，它最爱的猎物就是函数参数）。所以，只要是合法的表达式，放到大括号里至少从语法上讲是正确的。

```
// ✓ 正确
<input min={ 25*100 + 32 } />


// ✓ 正确
<input value={ isDraft ? draft : message } />


// ✗ 错误，大括号里并不是一个表达式
<input value={ if (isDraft) draft else message } />
```

那么，下面这段代码的语法正确吗？

```
// 大括号里放一个 JSX 标签?
<div>{<input type="text" />}</div>
```

一个墙怪跑到另一个墙怪嘴里去照相？！外面那个墙怪会嫌弃吗？既然 JSX 标签实际上是一个函数调用，那么它就是一个合法的表达式，所以放到大括号里没有任何的违和感（尽管那对大括号有点多余）。

最后，再介绍一个特例：

```
<input {...props} />
```

这里的三个点（...）代表什么呢？这是对 ES6 里的展开操作符（spread operator）的一个延伸。这里默认 props 的值是一个对象，并将其所有的属性都赋予 input 标签。例如，如果 props={type:"range",min:40,max:200}，那么，以上标签就和如下代码等效：

```
<input type="range" min={40} max={200} />
```

1.6.2 两种"洞"

是不是在 JSX 的任何地方都可以加大括号（{}）呢？答案是否定的。其实，墙怪的嘴只能生在两种特定的地方：

```
<input value={text} />          // ✓ 正确
<div>{content}</div>            // ✓ 正确
<div>👊{who}👊</div>            // ✓ 正确
<span>👊{who}{action}</span>    // ✓ 正确


<input {attr}="1" />            // ✗ 错误
<{tagName} />                   // ✗ 错误
```

仔细观察一下，这里一共有两种不同的"洞"：

- 属性值，如：<input value={text} />；

- 标签的嵌套内容，如：<div>{content}</div>。

虽然概念上一致，但这两种"洞"还是有一些细微差别的。具体来说，如果作为属性值，这个"洞"里就可以放任何表达式，只要相应的组件能够处理。但如果作为标签的嵌套内容，该表达式的值就不能是一个对象（React 元素除外）。例如，如果运行下面这个组件：

```
function App() {
  const content = { name: "艾伦", age: 25 };
  return <div>{content}</div>;
}
```

浏览器就会出现如下错误（消化不良？）：

```
Error
Objects are not valid as a React child (found: object with keys {name, age}). If you
meant to render a collection of children, use an array instead.
```

出错
JavaScript对象不能用作React孩子节点（刚刚看到你使用了包含有name和age两个key的对象）。
如果你想渲染多个孩子节点，请使用数组。

1.6.3　条件显示

只要是表达式，就可以放到 JSX 的大括号里，因为 JSX 实际上就是 JavaScript 代码，大括号内的表达式也将被作为 JavaScript 执行。意识到这一点后，我们的发挥空间就大了。

例如，下面这段 JSX 你能看懂吗？

```
<div>
  <div>观察者窗口主控界面</div>
  {isDialogVisible && (
    <div className="dialog">艾伦：靠！这破墙竟然是怪物伪装的！</div>
  )}
</div>
```

理解的关键是要看懂这个表达式：

```
isDialogVisible && (
  <div className="dialog">艾伦：靠！这破墙竟然是怪物伪装的！</div>
);
```

如果 isDialogVisible 为 true[①]，那么表达式的结果是后面的 JSX 标签（也就是相应的 React 元素）；如果 isDialogVisible 为 false，表达式的结果就是 false。而当大括号里的内容是 false 时，React 将在浏览器里什么都不显示。

与之类似，我们还可以用三元操作符更清晰地表达条件：

```
<div>
  <div>观察者窗口主控界面</div>
  {isDialogVisible ? (
    <div className="dialog">艾伦：靠！这破墙竟然是怪物伪装的！</div>
  ) : null}
</div>
```

所以，我们可以通过改变 isDialogVisible 取值的办法选择不同的标签。

---

① 严格来说，在 JavaScript 里，所有的值都可以参加逻辑判断，false、undefined、null、0、NaN，以及 ""（空字符串）为假值，所有其他的值均为真值。当 isDialogVisible 为任何真值时，表达式结果为 && 后的 JSX 标签；否则，表达式结果为 isDialogVisible 对应的假值。

1.6.4　数组

我们再来看另外一个常用的应用，当大括号内的表达式为数组时，JSX 会把数组内容解释为标签的"孩子"，例如，下面两段 JSX 是基本等效的：

```
// 1
<select>
  {[<option>艾伦</option>, <option>汉堡</option>]}
</select>


// 2
<select>
  <option>艾伦</option>
  <option>汉堡</option>
</select>
```

这样，当数据以数组形式存在时，我们能够轻易地将其转换为相应的 JSX 标签，例如：

```
function App() {
  const snacks = ["艾伦", "汉堡"];
  return (
    <select>
      {snacks.map((snack) => (
        <option>{snack}</option>
      ))}
    </select>
  );
}
```

能看懂上面这段代码吗？我们使用数组的 map 方法把数据转换成一个包含 JSX 标签的数组，即：

```
// ['艾伦', '汉堡'].map(...) ==>
[<option>艾伦</option>, <option>汉堡</option>];
```

这个数组放到大括号里，React 即将其理解为 select 标签的"孩子"了。

最后，有一点需要注意，如果运行上面这个组件，React 就会给我们一个警告信息：

```
Warning: Each child in a list should have a unique "key" prop.
Check the render method of `App`. See https://fb.me/react-warning-keys for
more information.
```

警告：列表中的每一个孩子节点必须包括一个唯一的"key"属性，请检查组件"App"。请访问此网址以获得更多信息：https://fb.me/react-warning-keys。

解决办法是将数组内每一个元素都加上一个唯一的 key 属性（记住，每个 key 值在数组内都必须不同）：

```
<select>
  {snacks.map((snack) => (
    <option key={snack}>{snack}</option>
  ))}
</select>
```

一般来说，key 的最佳选项是数据里本来就存在的 id，所以如下代码比较常见：

```
<select>
  {snacks.map((snack) => (
    <option key={snack.id} value={snack.id}>
      {snack.title}
    </option>
  ))}
</select>
```

不得不钦佩艾伦的献身精神，要不是因为他奋不顾身地去自拍，我也不会了解到 JSX 的实质，更重要的是，这让我意识到，凡事一定要抛开表象看本质，性命攸关啊！

JSX 中大括号的内容实际上是 _jsx 函数的调用参数：

• 大括号中应该放一个表达式；

• JSX 标签本身也是一个表达式，也可以放到大括号中。

一旦理解 JSX 的上述实质，其他的应用就都迎刃而解了，无论是条件显示，还是数组。

1.7　不能修葺的房子

我们继续赶路，随着离神殿越来越近，渐渐地能看到一些村落，我们停下来稍事休息。路旁有一座小平房，一个男人在那里敲敲打打，房前有一个大沙堆，两个小孩正在忙着建城堡，看起来像姐弟俩。他们建好了两个一模一样的方形沙堆，然后在其中一个上面又堆了一层小一点的沙堆，最后一脚把旁边的沙堆踩烂。

"我要三层的城堡，不是两层。"弟弟嘟起嘴。姐姐只好在旁边又重新建好一模一样的两层城堡，再加上第三层，又一脚把原来的两层城堡踩烂。

"三层不好，还是两层好！"

"不许再变了！"姐姐摇摇头，拿着小桶和铲子准备在旁边又重新砌沙堆。

我忍不住走过去帮忙，"小朋友，干吗从头开始啊？你把这个第三层去掉不就是两层楼了吗？像这样……"

姐弟俩连忙用身体护住城堡，"不行不行，叔叔，建好的城堡不能改！……爸爸！"

那个男人停下手头的工作，快步走过来，毕恭毕敬地对我说："对不起，小孩子不懂事。不过请放心，我从小就教育他们，建好的东西不能改。"他见我看了一眼他家的房子，接着说，"哦，我这是在拆房子，不是整修。听说很快会下百年一遇的大暴雨，这房顶刚好破了一个洞，我得赶紧把房子拆掉重新建一座！"

我啊了一声，艾伦走过来给男人打了个招呼，转头小声对我说："别忘了你是在 React 星！小心暴露身份吓着他们。"

艾伦悄悄地告诉我，这是 React 星上的一个风俗，很多东西一旦做好就不许修改，想要改变就必须重新做一个。我想，房子破了补上不行吗？拆掉重建不是浪费时间吗？难不成又是一个与众不同的 React 思维模型？为啥这次脑机没反应？刚想到这里，眼前又出现那行熟悉的蓝字：

> ◎ React 思维模型：不可变特性（immutability）。

1.7.1　不可变约定

与声明式编程类似，不可变特性（immutability）也是用 React 写程序时需要铭记在心的思维模型之一。英文 mutable 的意思是"可以改动"，前面加一个 im 词根组成 immutable 表示"不能改动"，是"只读"的花式说法。一个数值（数组、对象等）一旦是不可变的，就意味着它可远观而不可亵玩（只能看，不能改），它的所有组成部分也一样。因此，如果需要任何改动，唯一的办法是重起炉灶，即使是仅仅想给窗户换个颜色、给屋顶补个洞，也必须把整座房子拆掉重建。

这真是一个奇葩规定，对吧？好在这是在代码世界里，具有不可变特性的代码有很多独特的好处。关于这点我等会儿再解释，咱们先来看一点儿代码的例子。假设你去 React 星上的超市买零食，State 中有一个数组：

```
const [snacks, setSnacks] = useState([]);
```

你准备怎么往里加新元素？这样吗？

```
snacks.push("蚯蚓味杧果干");
```

你又怎么替换数组里的某个元素？这样吗？

```
snacks[5] = "杞果味蚯蚓干";
```

很快，你会发现这么做没有任何效果。哦，对了，还应该调用一下设置器，对吧？

```
setSnacks(snacks);
```

不幸的是，即使这样，界面上还是不会出现你喜欢的硬核零食。为什么呢？因为 State 里的数据是不可变的。React 只要看到还是同一个数组，就会认为 State 没有发生任何变化。即使你非要直接修改数组，React 也会置之不理，不会更新用户界面。

确切地说，这是 React 与所有程序员的一个约定（所以说是 React 星的风俗）：State 内的数据、Prop 和 React 元素都是不可变的[1]。之所以只是一个约定，是因为在 JavaScript 中没有办法将数组强制设置为不可变（不像是有的语言，比如 Haskell），所以对这个约定遵守与否，革命还得靠自觉（后果也得自负）。

那怎样才能得到你喜欢的硬核零食呢？正确的做法是另起炉灶，新建一个数组：

```
// 添加新元素
const newSnacks = [...snacks, "杞果味蚯蚓干"];
setSnacks(newSnacks);

// 替换 index 为 4 的元素
const newSnacks2 = [...snacks.slice(0, 4), "杞果味蚯蚓干", ...snacks.slice(5)];
setSnacks(newSnacks2);
```

上面代码里用到的 "…" 是 ES6 中的展开操作符（spread operator），作用是将一个数组内所有元素放入新的数组中。

1.7.2 State 中的对象

前面的例子说的是数组，对于 State 中的对象，不可变的规则同样适用。

```
const [house, setHouse] = useState({ windowColor: "蓝色", floors: 2 });
```

---

[1] 注意，这里不可变的是 State 中的数据，而不是 State 本身。如果连 State 本身都不能变，那么你的程序就是铁板一块、毫无生机了。如果你被这两个概念搞晕了，那么请继续看例子吧。

```
// 这样修改不会有效果
house.windowColor = "白色";
setHouse(house);


// 必须创建一个新对象
const newHouse = { ...house, windowColor: "白色" };
setHouse(newHouse);
```

无论 State 中的是数组还是对象，我们要刷新的话，就必须重建一个新的数组或对象，不能直接在原有的数组或对象的基础上修改。所以，在调用数组或对象方法时，也必须注意该方法是返回新的实例，还是在原有的实例上修改，例如，`Array.slice` 返回一个新的数组，而 `Array.sort` 则会在原地修改该数组。

这里有几个使用展开操作符克隆并修改数组或对象的例子：

```
[...snacks, '杧果味蚯蚓干']               // 在数组之后附加一个元素
['杧果味蚯蚓干', ...snacks]               // 在数组之前添加一个元素
// 替换数组中 index 为 4 的元素
[...snacks.slice(0, 4), '杧果味蚯蚓干', ...snacks.slice(5)]
// 更改对象的 windowColor 字段
{...house, windowColor: '白色'}
{...house, ...otherHouse}
```

1.7.3　State 中的其他类型值

那么，其他的数据类型呢？比如字符串，是不是与数组和对象一样也不能直接修改？事实上，在 JavaScript 中直接修改字符串不会有任何效果，这是因为字符串本来就是不可变的。不信你试试看：

```
let snack = "蚯蚓干";
snack[2] = "汤";
console.log(snack);
```

尽管没有什么错误提示，但你会发现 snack 的内容仍然是蚯蚓干，而不是蚯蚓汤。所以，当需要更新 State 中的字符串时，我们唯一的选择是给它一个新的字符串，这一点跟前面讲的对象和数组也是一致的。

```
const [snack, setSnack] = useState('蚯蚓干')
...
setSnack('蚯蚓汤')
```

实际上，JavaScript 中所有的简单数据类型值都是不可变的，这包括了字符串、数字和布尔值，等等。

1.7.4　immer

如前所述，我们可以使用展开操作符 "..." 来复制并修改数组或对象，这种方法在数据结构简单时还算方便好用，一旦到了真实应用场景，数据结构往往要复杂一些，尤其有多层嵌套的对象或数组时，展开操作符的方法就显得很累赘了。例如，我们有一个任务管理的 App 的 State 如下：

```
const [todos, setTodos] = useState([
  {
    id: "4646DGEGW",
    title: "烧开水",
    isComplete: true,
  },
  {
    id: "ETET12412",
    title: "抓蚯蚓",
    isComplete: false,
  },
  {
    id: "464635235fe",
    title: "晾干",
    isComplete: false,
  },
]);
```

假定用户将上述任务中第二条标记为完成，应该如何更改 State？应该这样操作：

```
setTodos([
  ...todos.slice(0, 1),
  { ...todos[1], isComplete: true },
  // 数组内的对象同样应该是不可变的，所以必须新建一个对象
  ...todos.slice(2),
]);
```

如果你的眼睛还没花的话，那么把数据结构修改如下再试试：

```
const [todos, setTodos] = useState([
  {
    id: "4646DGEGW",
    title: "烧开水",
    status: {
      isComplete: true,
      isDelayed: false,
    },
  },
  {
    id: "ETET12412",
    title: "抓蚯蚓",
    status: {
      isComplete: false,
      isDelayed: false,
    },
  },
  {
    id: "464635235fe",
    title: "晾干",
    status: {
      isComplete: false,
      isDelayed: false,
    },
  },
```

```
  },
]);
```

所以，在真实的应用场景里，展开操作符用起来还是很累的。这就轮到一个第三方库登场了——immer！

```
import produce from 'immer'
...
function App() {
  const [todos, setTodos] = useState({...})
  ...
  const newTodos = produce(todos, draft => {
    draft[1].status.isComplete = true
  })
  setTodos(newTodos)
  ...
}
```

厉害吧？数组也好、对象也好，我们只管直接修改，immer 会贴心地为我们生成一个新的实例（draft），并保证它符合不可变约定，我们放心地 set 就好。

另外 immer 还有一种专门为 React 设计的使用方式，上面的功能可以用一条语句完成。

```
setTodos(
  produce((draft) => {
    draft[1].status.isComplete = true;
  })
);
```

immer 还不错吧？与其他的 npm 库一样，使用之前需要安装一下：

```
npm install -S immer
```

或者：

```
yarn add immer
```

当 State 的数据结构比较复杂时，immer 无疑是一款利器。当然，如果程序里的 State 只是一些简单的数组或对象，那么使用展开操作符也是一个不错的选择。

1.7.5　为什么要不可变

读到这里，你是不是还觉得这个不可变约定相当别扭？明明可以直接修改的数组和对象，为什么要不停地重建？难不成重建比直接修改还快？

Yes and No。

就单次操作来说，重建确实比直接修改慢，但从总体上来说，这种采用重建来修改状态的机制性能更优。

为什么直接修改微观上快，但宏观上慢呢？这是因为，在绝大多数的用户界面里，最频繁的操作不是对程序状态的修改，而是对状态数据的读取比对。如果我们约定所有的状态数据值都是不可变的，那么对其的比对操作的性能就会有至少一个数量级的提升。

这里的原理可以用图 1-2 来解释。当数据结构内的节点可变时，要判断两棵树是否相同，就必须遍历和比较每个节点，因为我们不知道当中的节点是不是被修改过。这个过程被称为"深层比较"（deep comparison）。

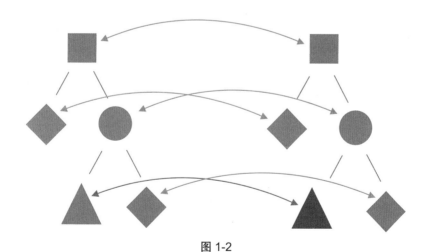

图 1-2

相反，如果数据结构是不可变的，判断起来就容易很多：只需要做一个"浅层比较"（shallow comparison），看看是不是同一个数组或对象就行了，如图 1-3 所示。因为我们知道，不可变特性是病毒式传播的，一旦一个数组或对象是不可变的，它们的组成部分就必然不可变。要在其中任何一个部分做修改，唯一的办法是重建整个数组或对象。

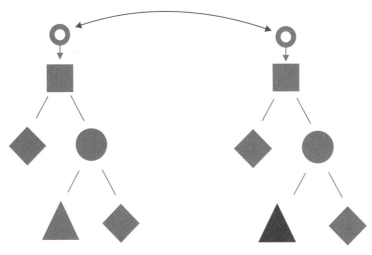

图 1-3

所以，在最开始的例子里，即使替换了数组 snacks 内的元素并调用 setSnacks(snacks)，由于 React 只对数据进行浅层的比较，而 snacks 是同一个数组，所以 React 会认为 State 并未发生改变，从而置之不理。

从这些特性中还可以推断出 React 的适用场景：如果整个界面和程序状态大致不变、而需要非常频繁地读取和比对系统的状态，例如绝大部分的 Web 应用界面，用 React 就对了。这是因为 React 采用了不可变约定和浅层比较，是为数据读取操作而优化的。反之，如果系统的状态更新得十分频繁或需要实时处理状态的更改，也许 React 并不是最好的选择。在这种场景下，大量频繁的写操作势必需要大量地克隆数据，从而降低系统性能。

1.8　笔记强迫症

不可变约定……React 星上的风俗……嗯……那个库叫什么名来着？ im 什么？想到这里，我的手不由自主地抖起来。我赶紧坐到路旁的一块石头上，从衣袋里掏出一个笔记本——这脑机还真是精确，连笔记本上的那块油渍都没落下。

"你的手抖健忘综合征又犯了？" 艾伦凑过来。

"是笔记强迫症！没办法，小时候被逼着写日记留下来的毛病，不写下来恐怕明天全忘光。"

"其实是好习惯哦，不过在 React 星上不用记，脑机已经将知识输入你的大脑里了啊。"

"哦。还是……还是记记吧，好记性不如烂笔头。"

1. 墙上的洞：将数据从用户界面中分离

先写一段 HTML 作为页面的静态结构，再用大括号凿个洞，让动态数据露出小脸来。

2. 仪式之二：声明式、命令式与响应式界面编程

- 声明式：只描述最终结果，由 React 负责 DOM 的细节处理；

- 命令式：事无巨细地描述操作过程，例如直接使用 DOM API 的编程方式；

- 响应式：DOM 响应了数据变化的号召而自发做出更改（React 的两大特点）。

3. 初展神迹

HTML Input 例子，在 React 里使用 CSS 样式。

- 在 React 里，数据和界面元素是隔开的，要想获知界面元素的状态，比如用户的输入内容，在绝大多数情况下都应该关注数据，而不是直接访问 DOM；

- 在 React 代码里使用 CSS 时与在 HTML 中类似，但又有所不同。

4. 拍照墙的伪装

JSX 是伪装成 HTML 的 JavaScript 函数调用。

- JSX 标签是一个函数调用，也就是一个表达式；

- JSX 与 HTML 有很多细微的区别，其根本原因在于 JSX 实质上是 JavaScript 代码。

5. 手翻书：一次组件渲染、一页手翻书

React 的工作过程就像播放手翻书动画。每调用一次组件，组件就返回手翻书的一页，调用多次，装订起来，快速一翻就形成了完整的交互界面。React 调用组件函数的过程一般被称为"渲染"（render）。在 React 中采用声明式编程，我们的任务是在程序中描述所期望的最终结果，具体到这个渲染过程来说，使用 所以 JSX 描述的是手翻书动画的每一帧。

6. 诱饵：JSX 的大括号中应放表达式

- JSX 中有两个地方可以合法地放置大括号，用以嵌入表达式：属性值，如 `<input value={text} />`；标签的嵌套内容，如 `<div>{content}</div>`；

- 因为大括号支持表达式，所以 JSX 可以用来实现条件显示或显示一个动态数组的内容。

7. 不能修葺的房子：React 数据的不可变约定

- State 内的数据、Prop 和 React 元素都遵循"不可变约定"，即这些数据都是只读的。如果要更改，只能另起炉灶，新建一个对象。

- 当某个 state 值包含多层嵌套对象时，上述要求使得更改 state 的操作非常繁复，第三方库 immer 大大简化了这个过程。immer 让我们可以直接修改对象值，而它将保证最终生成的对象是一个不可变的副本。

第2章
摩组城

　　React 组件相关的思维模型，包括组件的写法、组件的组合、组件渲染特性、组件间的单向数据流、Context，以及使用回调函数向上传递数据。

肃穆庄严的 index 神殿，React 星的圣地，人们到此献祭灵魂，求的是来世风调雨顺。这是一种奇怪的祭祀仪式，没有诵经念咒，也没有焚香燃烛。空灵的大殿，画师端坐正中，只见他手执一支硕大的画笔，在面前的虚空中笔走龙蛇。笔尖所到之处，在空中激起一阵阵涟漪，仿佛穿透了某个时空的界限。其他人都双膝跪地，双手高举，双目紧闭。这个仪式大概进行了半小时，画师刚一落笔，我们便挤到他面前，也顾不得满殿的人群。

"画师先生，打扰了，请问您知道灵修院吗？"我小心翼翼地问道。

画师背对着我们，纹丝不动，多半是责怪我们打断了祭祀仪式，过了半晌，才缓缓问道："灵……修……院？"

"对，灵修院！我有一个东西要交给灵修院的长老。"我从口袋里取出那个吊坠。

画师回过头来，瞥见那个吊坠，忽然神色惊讶，随即大笔一挥……我们三人不知如何来到了一间密室，与大殿上的众人隔开。

"我神使者！有失远迎。"画师向我俩拜倒。

吊坠果然管用！我暗自高兴，这小老头刚才那么大派头，现在却拜起我们了。哦，对了，我可是你神本尊，才不是什么狗屁使者。

"我神使者。灵修院地处瑞海灵缘岛，离此地两千八百余里。"说罢，画师呈上一副卷轴。

我打开卷轴，只见这是一幅水墨画的俯视图，有陆地、道路还有海洋，俨然是一幅地图。我开始犯愁，那么远，难不成要走着去？艾伦看透我的心思，小声说："有地图就好办，别忘了我们有飞船啊。"

画师接着说："灵缘岛者，只渡有缘人也，需取水道方可至之。"

2.1 摩组城鸟瞰

飞船穿过云层缓缓下降,俯瞰之下,摩组城的版图已经尽收眼底。摩组城依山傍海,是 React 星上最大的城市。

按照画师的指引,要到灵缘岛,只能从瑞海坐船过去。我们准备在摩组市郊降落,然后驱车前往市中心的航博大厦,那里是航博能特造船公司的总部。据说最近瑞海上不知为何总是风暴不断,所以必须找一艘吨位大、能扛得住风浪的船。

艾伦一边摆弄着桌上的乐高模型,一边漫不经心地看着飞船的控制屏幕,忽然,他说道:"你看,那个最高的楼应该就是航博大厦。"

我向舷窗外望去,看到火柴盒一样大大小小的建筑,被纵横交错的道路整齐地分割成了一片片方阵,有一栋风帆形状的建筑格外醒目,明显比周围的火柴盒高出不少。

"这些楼房建筑应该都是完整的组件树,这栋航博大厦估计是那里结构最复杂的组件了。"艾伦若有所思。

"你知道 React 组件到底起什么作用吗?告诉你吧,组件可以算作人类的自救手段。唉,我们号称是这个世界的造物主,说得倒好听,但你有没有觉得人类的大脑有时笨得可怜?"艾伦问。

"哦?是吧?"

"设想一下,给你一个程序文件,也不算太长,2000 行吧,但这 2000 行代码只是一个函数,现在要让你读完代码后在里面找 Bug,你头疼不头疼?"

我想起了上次熬夜调试的那个几百行长的"面条式"函数,当时真想把那个始作俑者拉出来揍一顿。

"要知道,2000 行代码顶多几十 K 字节而已,跟计算机的处理能力相比完全不是一个数量级。但这样的任务是不适合普通的人类大脑直接处理的,因为大脑能同时容纳和处理的信息极其有限。"艾伦开始喋喋不休。

"好在我们还是有办法,如果能把这个函数按照逻辑大卸八块,单独一块一块地研究不就行了吗？分割成小块还有一个好处，写新程序时如果需要实现相似的功能，不用重新发明'轮子'，直接用已经写好的部分即可。就像这个。"艾伦递给我那个乐高积木搭的飞船模型。

"这就是 React 组件，乃至于整个软件工程的核心思维——模块化。也就是分而治之、模块组合和代码重用。组件是相互独立的，我们可以逐次聚焦于实现或研究单个组件，或者多人分工同时实现多个组件，而完全不用担心影响其他组件的功能。完成单个组件实现以后，我们可以把它们拼装在一起，各个部件各司其职，协作完成程序功能。"

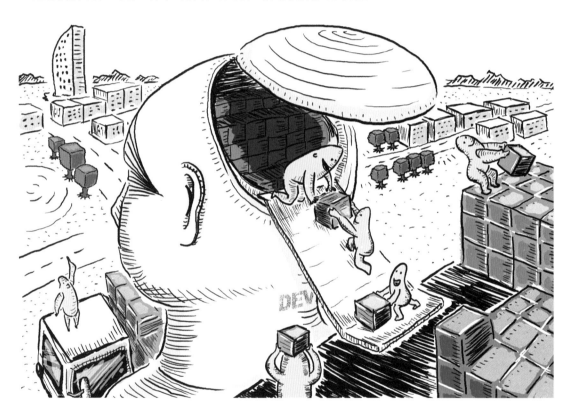

我点头赞同，"嗯，对，模块化思维早就有了，不过，不知道 React 组件有没有什么特殊的地方？"

"这个嘛，相信你很快就会看到。这样吧，离降落还有一点时间，你先脑补一下组件的写法，等会我们去借船时说不定用得上。"

2.1.1　自定义 JSX 标签

React 组件最直观的体现是可以在 JSX 中使用自定义标签，例如：

```
<div>
  <Header />
  <Content />
  <Footer />
</div>
```

在上面的代码里，div 是标准的 HTML 标签，而其他几个都是应用里自行定义的标签，分别由组件 Header、Content 和 Footer 定义而成。这些组件又可能由其他的组件构成，例如：

```
// Header
<div>
  <Logo />
  <Menu />
</div>
```

这些标签的用法跟标准的 HTML 标签没什么两样，只要相应的组件支持，我们可以用属性定制，或者嵌入子标签：

```
<Header title="组件之使命" />


<Dialog>
  <Text>你的大脑需不需要拯救？</Text>
</Dialog>
```

最后，一旦定义好了组件，我们就可以多次使用相应的标签：

```
<div>
  <Header title="拯救" />
  <Header title="又拯救" />
  <Header title="双拯救" />
```

```
    <Header title="叒拯救" />
</div>
```

对于组件，有一个大家都很熟悉的比喻——乐高积木——用小块的组件能拼成大块的组件，再拼成更大块的组件，直至拼成最终的应用。尽管有很多细微的偏差，但这个比喻在宏观上还是有用的。

2.1.2　组件的写法

我们已经看到了组件的书写格式：

```
function Header(props) {
  return (
    <div>
      <div>{props.title}</div>
    </div>
  );
}
```

这里可以看出组件书写格式的几个要点：

- 定义为一个 JavaScript 函数；

- 函数名首字母大写；

- 函数只有一个参数，通常名为 props；

- props 参数的值是一个对象，其字段名对应了 JSX 标签中的属性名；

- 函数返回一个 React 元素。

对于组件的参数 props，有一种更简略的写法，使用了 ES6 中的"参数解构"语法（destructuring）：

```
// 注意参数列表里的"{}"。
function Header({ title }) {
  return (
    <div>
```

```
    {/* 如此定义参数以后，就可以省略开头的"props."。*/}
    <div>{title}</div>
  </div>
  );
}
```

这种写法的组件名为"函数组件"（function comonent），顾名思义，该组件是一个 JavaScript 函数。

另外，还有一种组件，名为类组件（class component），是以 JavaScript 类的形式定义的。不过，由于 Hook 的出现，类组件的绝大部分功能都可以用函数组件完成，因此，几乎所有的新项目都采用了函数组件。在本书中，将不对类组件做过多的描述。

```
class App {
  render() {
    return <div>App</div>;
  }
}
```

尽管有类组件和函数组件两种写法，但我们都可以用同一个思维模型来看待它们，即组件就像是函数，props 就像是函数的参数，JSX 标签就像是函数调用。

当然，React 组件和普通的 JavaScript 函数有一个重要区别：我们只能用 JSX 标签的方式使用它，而不能直接调用。

```
<Header title= "标题" />         // ✓ 正确
Header({ title: "标题" })         // ✗ 错误
```

当我们用到一个组件时，该组件的代码并不会立即执行，React 会安排好在某个合适的时刻去运行它。为了观察这一点，我们可以将一个自定义标签显示出来：

```
console.log(<Header title="标题" />);
```

控制台上的结果与如下类似：

```
{
  type: Header,
```

```
props: {
  title: '标题'
  }
}
```

看到了吧？这里并没有关于 `div` 的内容，也就是说，`Header` 函数此时并没有运行。当看到一个自定义标签时，React 并不会立即执行相应的组件函数，而只是记下该组件函数的名字（实际上是引用）和相关的参数。

2.1.3 "哑"组件

除了返回 React 元素，组件还可以返回 `null`，这样，在浏览器中将什么也不显示：

```
function Silence() {
  return null;
}
```

`null` 常常出现在条件渲染中，表示组件只在某种条件下生效：

```
function Error(props) {
  return props.error ? <p>{props.error}</p> : null;
}
```

值得注意的是，在 React 18 版本以前，如果一个组件返回 `undefined`，React 将给出一条错误信息。

```
function Silence() {
  // ✖ 错误信息：Nothing was returned from render. This usually means a return
  statement is missing.
  return undefined;
}
```

所以，在用 `&&` 做条件判断时，需要特别注意：

```
function Error(props) {
  // ✖ 当 props.error 为 undefined 时，该函数将返回 undefined
  return props.error && <p>{props.error}</p>;
```

```
}

function Error2(props) {
  // ✓ 当 props.error 为 undefined 时, 返回 null
  return props.error ? <p>{props.error}</p> : null;
}
```

2.2　组件的组合

收音机里放着 Leonard Cohen 的《哈利路亚》, 艾伦陶醉在音乐里开着车, 而我则望着窗外缓缓倒退的街景。这里的建筑放到地球上任何一个大城市里都没有违和感, 有跨越海岸的铁索桥, 有高耸入云的电视塔, 有贴着镜面的写字楼, 有中规中矩的居民房……这让我倍感亲切, 差点忘了自己身处异星世界。哦, 对了, 这不就是一种呈现方式吗？换个视角, 说不定我们是在开着 UFO 跟小黄人赛车呢。

这应该是一个充满活力的城市, 一路上我看到了许多正在施工的新建楼房。有意思的是, 这里建房都是用巨型机械手将整层楼从货车上提起并放置到位。我不由得惊叹：黑科技啊, 这可比地球上建楼厉害多了。

我仔细一想, 这就是组件的组合重用吧。功能类似的部分做成组件模块, 方便重复使用, 提高生产效率, 用乐高积木来比喻再恰当不过了, 只不过如此亲见还是很让人震撼。

忽然, 一幅景象吸引了我的注意, 只见一栋楼的顶端是一个巨大的立方体空架子, 一只机械手正在往架子上继续堆叠一整层的楼房模块。从侧面看去, 架子在楼体留出了一个一层楼高、整层楼宽的立方体空洞。

"这个架子可够结实的。"我指给艾伦看。

"哦, 那个应该是动态包含组合。装好了架子, 就可以按照需要替换那层楼的模块。"

"高级啊！什么时候引入地球上建房子就好了。"

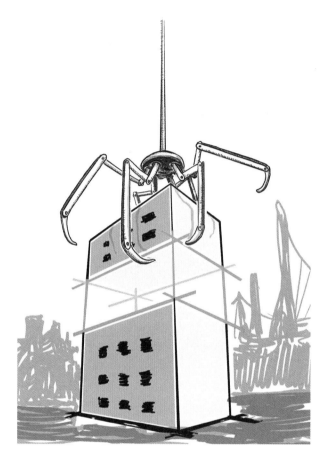

2.2.1　包含关系

组件之间有丰富灵活的组合方式（composition），这是 React 备受青睐的原因之一。在一个组件中能使用其他的组件，所形成的组件又可以作为建造其他组件的基础——所谓"道生一，一生二，二生三，三生万物"。然而，组合并不是简单地像砌砖一样堆叠在一起。我们来看几种常用的组件组合方式。

第一种在组件中使用其他组件的方式，是基于对"包含"关系的表达。例如，一栋楼包含了很多楼层和地基：

```
function Building() {
  return (
```

```
    <div>
      <Storey />
      <Storey />
      <Storey />
      <Storey />
      <Foundation />
    </div>
  );
}
```

每个楼层又包括天花板、墙壁、窗户和地板，窗户又可以分拆为窗框和玻璃，依此类推：

```
function Storey() {
  return (
    <div>
      <Ceiling />
      <Wall />
      <Wall />
      <Wall />
      <Wall />
      <Window />
      <Window />
      <Window />
      <Floor />
    </div>
  );
}

function Window() {
  return (
    <div>
      <WoodenFrame />
```

```
    <GlassPane />

  </div>

 );

}
```

这种包含关系是组件之间最简单的关系，也是其他组合方式的基石。

2.2.2 动态包含

有时候写一个组件，我们没有办法提前预知其中会包含哪些其他的组件，或者我们希望组件可以足够灵活、能容纳多种其他的组件，这时，我们可以让一个组件动态地包含其他内容，也就是说，到底包含什么组件，到用的时候才能确定。这就是我在车里看到的建筑中间留空架子的黑科技。

表达动态包含的常用方法有两种。第一种是使用一个特殊名为 children 的 prop，放到大括号里就可以实现动态包含了：

```
function App() {

  return (

    // 对话框的实际内容取决于使用 Dialog 标签时内嵌的内容

    <Dialog>

      <Heading>你确认你不想被拯救吗？</Heading>

      <Text>

          真的确认吗？不可能你想被拯救我说你不想被拯救，也不可能你不想被拯救我偏要说你想被
拯救

      </Text>

    </Dialog>

  );

}


function Dialog(props) {

  return (

    <div>

      {/* 使用 children prop 获取 Dialog 标签的内嵌内容 */}
```

```
      <div>{props.children}</div>
    </div>
  );
}
```

children 归根结底还是组件的一个 prop，所以上面的 App 组件也可以写成如下形式：

```
function App() {
 return (
    {/* 这里的大括号是不是让你联想到那爱吃表达式汉堡的拍照墙？ */}
    <Dialog children={(
        [
          <Heading>你确认你不想被拯救吗？</Heading>,
          <Text>真的确认吗？不可能你想被拯救我说你不想被拯救，也不可能你不想被拯救我偏要说
你想被拯救
</Text> ]
      )} />
 )
}
```

你有没有注意到，这其实也是一面拍照墙？还记得吗？既然是拍照墙，大括号里可以放任
何表达式，所以我们可以放入另一个 JSX 标签（JSX 标签也是一个表达式嘛）。这个标签当然
也可以是由其他组件定义的自定义标签，或者是一个包含 JSX 标签的数组。

当然，除了 children，我们也可以用其他的 prop 来表达这种动态包含关系，这就是第二种
表达方法：

```
function App() {
  return (
    // Panels 的三部分内容取决于 left、center 和 right 三个属性值
    <Panels
      left={<Text>左青龙</Text>}
      center={<Picture>老牛在腰间</Picture>}
      right={<Picture>右白虎</Picture>}
```

```
      />
    );
  }


  function Panels({ left, center, right }) {
    return (
      <div>
        {left}
        {center}
        {right}
      </div>
    );
  }
```

2.2.3 特例化

有时候，我们还可以用组合来表达一个新组件是另一个组件的特例，例如：

```
function MangoFlavorDriedEarthworm() {
  return <DriedEarthworm flavor="杧果" />;
}
```

2.2.4 组件引用

最后，还有一种在组件中使用其他组件的方式，即用 prop 来传递组件引用，而不是 React
元素，例如 React Router 库支持一个 component 属性：

```
function App() {
  return <Route path="/" component={Page} />
}


function Page(props) {...}
```

使用这种方式时需要注意避免内嵌函数，否则每次渲染都将会重新产生一个组件，进而出
现性能问题。

```
function App() {
  return (
    <div>
      {/*✘ 使用内嵌函数，出现性能问题。 */}
      <Route path="/" component={() => <Page title="美食谱" />} />
      {/*✔ 使用组件引用，该组件定义在文件顶层。 */}
      <Route path="/" component={Home} />
    </div>
  );
}


function Home() {
  return <div>家</div>
}
```

2.3　周而复始的面试

我发现自己坐在一个狭窄的办公室里，办公室没有窗户，全靠几盏有些闪烁的日光灯照明。

奇怪，这是哪儿？我来这儿干什么？怎么想不起来了？

无意中摸到口袋里有一张卡片，拿出来一看是一张相片，相片里是一座傲然矗立的建筑，像极了一面鼓满了风的船帆。我猛然想起，我们是来借船的！到达航博大厦以后，我们还没来得及从近处仔细端详，就被人流推进了大厅，我只记得当时抬头望不见楼顶。如果没猜错的话，我现在应该是在航博大厦里面了。

那我是怎么进到这间办公室里的呢？我正在努力回忆中，门开了，走进来一位穿着职业套装的中年女人。

她向我微微点头，脸上挤出微笑，伸出手来："你好，我是人事部张经理。"

我有点懵。张经理走到我对面坐下，脸上的笑容消失："现在面试开始，请做一个简要的自我介绍。"

"啊？面试？不不不，我不是来面试的，我想见一下贵公司的 CEO。"

张经理正要回答，忽闻门外一声断喝："有包裹！"张经理随即起身开门，门开的一刹那，屋里和楼道的日光灯一起熄灭，办公室里顿时漆黑一片。

等到灯光重新点亮，我发现自己坐在一间空无一人的办公室里，摸到口袋里的相片，正拿出来看，门开了，张经理走进来跟我握手致意："你好，我是人事部张经理。"我还没回过神来，她坐到我对面："现在面试开始，请做一个简要的自我介绍。"

我想，这是时间循环吗？答道："我……我想见一下贵公司的 CEO……"

"每个人都想见 CEO，想找工作、想升职、想加薪，CEO 哪来那么多时间？先说说你的工作经历。"

我正要告诉她我来此的目的，转念一想，跟这个人事经理估计也说不清，既然都已经到公司里了，要不先混过这场面试再说，留在这里不被赶出去，应该就有机会见 CEO，到时给他看那个吊坠，八成就能借到船了。正准备编点说辞，门外又是一声断喝："有包裹！"

张经理起身开门，随即一片漆黑，灯光重新点亮，办公室内空无一人，看相片，门被打开，张经理进来跟我握手，坐到对面开始面试……

如此重复了好几次，终于有一次整个过程没被送包裹的人打断，我得以把我胡诌的经历说完，居然还顺利通过了面试，被当场录用，明天就上岗！职位是传送工程师，具体工作内容要明天才知道，好像还有点小期待。面试完毕后，我很快被打发出了大楼，说是出于安保考虑，只有工作人员才能停留。

后来我才知道，我刚刚经历的是组件多次渲染的过程。每次渲染时，组件内的局部变量都会回到初始状态，这就是为什么每次有包裹送来，办公室发生的一切都要重启，我刚开始时失忆八成也是这个原因。

2.3.1　重复不断地渲染

当时的情形可以用如下代码来模拟（这个组件跟实际应用场景的代码也许相去甚远，但作为一个示例用来理解这个过程背后的原理是完全够用的）：

```
// props 就是那个包裹
function HROffice(props) {
  const result0 = fakeSmile(); // 挤出微笑
  const result1 = shakeHands(); // 握手
  const result2 = sitDown(); // 坐下
  const result3 = startInterview(); // 开始面试
  return (
    <div>
      <ManagerZhang />
      <Interviewee />
    </div>
  );
}
```

每当有包裹送来时（HROffice 函数被调用，传过来一个新参数），微笑、握手、坐下、开始面试……这些步骤都会重复执行一遍，变量 result0、result1、result2、result3 都会被重新初始化一遍，并且送来几个包裹就会执行几次。

其实，这难道不是不言自明的吗？一个函数被调用时，它内部的代码当然会从头执行，它内部的局部变量当然会重新初始化！作为一个函数，React 组件也不例外。不过，跟普通的函数相比，React 组件有一个独特的地方：我们不会在代码里直接调用组件函数，而需要等着 React 来决定什么时候调用它、调用多少次。前面说过，React 调用组件函数的过程被称为"渲染"。实际上，在一个用户界面的生命周期中，一个组件有可能被渲染很多次，其内部的代码会被重复运行很多次，局部变量会被初始化很多次。意识到这一点很重要（所以我才这么啰唆了很多次）。

2.3.2　渲染必须快

再重复一遍：第一，组件会在程序运行时被渲染很多次（也就是该函数会被调用很多次）；第二，每次渲染我们都得白手起家，重新初始化局部变量。也就是说，如果渲染过程中有什么操作很慢的话，它将严重影响渲染的性能，因为它不光是一次慢，而且是次次慢：

```
function HROffice(props) {
  ...
  // 如果渲染了 10 次，这个很慢的函数也会运行 10 次，浪费 10 倍时间
  const result = slowTalk()
  ...
}
```

所以，在写组件时有一个要求，必须保证渲染速度，也就是组件函数应该尽量简单快捷。如果有一些耗时的操作实在无法避免，我们就需要用一些特定的方法将它运行的次数尽量减少。

2.3.3　State 笔记本

组件在每次渲染时，所有的局部变量都会被初始化为默认值，这是 JavaScript 中变量作用域的工作方式。但有时似乎会有例外，例如，如下代码中 intervieweeName 默认值为 ''，但如果我们在某个地方调用了 setIntervieweeName(' 林顿 ')，那么在接下来的渲染过程中，intervieweeName 的值将为 ' 林顿 '，而不再是初始值。

```
function HROffice() {
  // intervieweeName 似乎能保存上一次渲染时的变量值
  const [intervieweeName, setIntervieweeName] = useState('')

  ...

}
```

这里的秘密是等号右边的 useState，它能够保存组件的状态，防止其在重新渲染中丢掉。State 就像办公室里的笔记本，只要在某次渲染后，如果张经理把我的名字记在上面，在随后的渲染过程中，她就会记得我的名字，省得反复问我了。

脑机告诉我，useState 是 React 中一个相当特殊的存在——Hook。不知道在 React 星上 Hook 长什么样，钓鱼钩？晾衣钩？我倒是很想见识一下。

2.3.4　异步操作不能等

前面说过渲染过程必须快，否则将严重影响用户体验。那么对于一些天生缓慢的异步操作怎么办呢？比如，从网络下载数据。我们是不是要等到下载完毕才返回结果呢？答案是否定的。

```
function App() {
  const questions = download("https://very-hard-interview-questions.com/api");
  // 等到 questions 下载完成再返回结果。 ==> ✗
  return <HROffice interviewQuestions={questions} />;

}
```

即使是下载数据这样天生缓慢的操作，组件在渲染时也不能等。正确的做法是，下载刚开始时，立即返回一个结果，哪怕只是一个顶替品（一般来说是一个进度条）。等到下载完成后，申请重新渲染一次，再返回正式结果。这里用 State 作为一个中介来判断下载是否完成。这种模式对于其他的异步操作也同样适用，比如从硬盘读取数据。

```
function App() {
  const [questions, setQuestions] = useState(null);
  // 下载数据（注意，这只是伪代码！）
  fetch("https://very-hard-interview-questions.com/api").then((data) => {
    // 下载完成，向 React 申请重新渲染
```

```
  setQuestions(data);
});
return questions === null ? (
  "正在用力下载……" // 数据尚未下载，显示一个临时结果    ==> ✅
) : (
  <HROffice interviewQuestions={questions} />
); // 数据下载就绪，显示真正的结果
}
```

哦，对了，如上代码其实并不能正常工作，而是为了突出重点省去了细节。至于数据下载的完整代码，我想今后应该能看得到。

2.3.5 渲染要"纯粹"

除了必须简单快捷，React 对组件渲染还有一个要求：必须得"纯粹"。也就是说，不管一个组件在什么时候被渲染，不管被渲染多少次，它应该总是返回一致的结果，即与组件数据相对应的 React 元素。

这个"纯粹"的概念还得从"纯函数"说起。当一个函数满足如下条件时，我们称之为纯函数：

- 不会修改输入参数或函数作用域以外的程序状态；

- 对于同样的参数，总是返回同样的结果，不管它被调用多少次。

以下是一些例子（和反例）：

```
// ✅ 纯函数
function area(r) {
  return 3.14 * r * r;
}


// ✖ 修改了输入参数
function addTodo(todos) {
  todos.push("挤出微笑");
```

```
}

// ✖ 对于同样的参数，可能返回不同的结果，因为文件内容可能发生变化
function readQuestion(id) {
  return fs.readFileSync(id);
}


// ✖ 修改了函数作用域以外的程序状态
function amIPure() {
  console.log("你觉得我纯粹吗？");
}
```

把这个概念扩展到 React 组件，我们说渲染相对于组件的数据应该是纯粹的，也就是说，不论一个组件在何时被渲染，是第一次还是第十次渲染，只要组件数据相同，它就应该返回同样的 React 元素。这里的"数据"，包括了 prop 和 state（还有 context，这个概念随后介绍）。

一般来说，要写出纯粹的组件也不难，只要我们牢记两点：第一，props 是不可变的；第二，只用组件数据来构造 React 元素。以下列出几个反例（即不纯粹的组件写法）：

```
function Foo(props) {
  // ✖ 每次渲染都会返回不同的元素
  return <div>{Math.random()}</div>;
}


function Bar(props) {
  // ✖ 返回的 React 元素依赖于一个全局变量
  // 所以，即使组件数据相同，该组件仍然有可能返回不同的结果
    return <div>{someGlobalVar ? "foo" : "bar"}</div>;
  }
```

为了保持组件的纯粹性，React 提供了一个 StrictMode 组件。在开发环境中，该组件会故意重复渲染其内嵌内容，以帮助我们发现那些不纯粹的组件，而在生产环境中，StrictMode 组件没有任何副作用。

```
function App() {
  // 控制台上会出现两行"渲染"
  console.log("渲染！");
  return <div>App</div>;
}
ReactDOM.render(
  <StrictMode>
    <App />
  </StrictMode>,
  document.getElementById("root")
);
```

2.4 传送工程师的接力

从我们暂住的酒店出门左拐，再走十分钟，就到了航博大厦。今天人没有那么多，我们得以在大厦跟前多看两眼。航博大厦整体造型还算不错，不过近看跟别的写字楼没有多大的区别，倒是大厅入口处一块巨大的警示牌吸引了我的注意。只见白底的牌子上画了一个手提箱，旁边有一个向上的箭头，整个标志上盖了一个红圈加一道斜杠——这是不准往楼上搬东西？

在签到处，我被告知到第二十层传送办公室报到，很好奇传送工程师到底做什么工作。说来也巧，艾伦也应聘上了传送工程师，不过他的报到地点是 CEO 办公室所在的顶层，似乎职位在我之上，也不知道他用什么手段征服了张经理。艾伦要我见机行事，等他打听到借船的消息再想办法通知我。

我乐颠颠地来到二十楼，心想：是不是要先听个讲座培训什么的？好不容易在角落里找到了传送办公室，我敲敲门。

一个年轻女孩打开门，瞥了一眼我胸口的工牌："来了？这个送到十楼。"说完便递给我一摞文件和一个手提箱，示意让我把文件装进手提箱。

"走那边的专用楼梯。记住，手里拿着箱子就只能下楼，不能上楼！"她叮嘱完就关上了门。

我"哦"了一声，心想：欺负新来的吗？还没报到就先让跑腿。也罢，我先把文件送过去，等会儿再来跟她理论。

　　我走向专用楼梯，发现在楼梯口也有一个警示牌，跟一楼大厅的那个一模一样，牌子上那个手提箱跟我手里的挺像。我想：这是什么规定啊？拿着箱子就不能上楼？我偏要上楼又怎样？还能把楼梯给压塌了？想到这里，我决定以身试法，在楼道里上下来回走。不过，我走了两圈，也没什么事情发生，这让我觉得有点乏味。这时，从二十楼下来一个提着手提箱的高个子男人，他见我正在提着箱子往上走，连忙把我拉到角落。

　　"你疯了？不想干了？违反公司制度是要被开除的！这里有监控！"

　　"哦，谢谢提醒。你也是新来的？他们也让你跑腿？"

　　"什么新来的，我干了五年了，这工作不错的，轻松，不用动脑子，工资也还行。"

　　我瞄了一眼他的工牌。姓名，夏掣；工号，04002；职位，传送工程师。我大呼上当，什么工程师啊，这就是一个送货员嘛。唉，可叹我堂堂软件工程师，竟然在这里跑腿送包裹！算了，为了借船，我暂时忍忍。

　　走到十九楼楼道口，夏掣忽然拦住我说："到了。"随即又大喊一声："有包裹！"

　　"我要送到十楼，还早着呢。"我说。

　　"送到这儿就行了，我这箱子要送到一楼呢。十九楼有人来接应。"

　　果然，不一会儿，另一个传送工程师接走了我们手里的手提箱，往楼下走去。原来，这些文件是像接力赛跑一样一路传下去的：十九楼、十八楼、十七楼……一直到目的楼层，每层都有人接应，每个人都只跑一楼。至于为什么有只下不上这条公司制度，据说是为了便于追踪文件来源。

　　送了若干趟文件，到了休息时间。我偷偷走到一个无人的角落，把随身带来的观察者窗口插入墙壁。正如艾伦所说，整座大厦是一个层次复杂的组件树，而我刚刚干的送货工作，其实是组件之间的数据流动。

　　◎ React 思维模型：单向数据流。

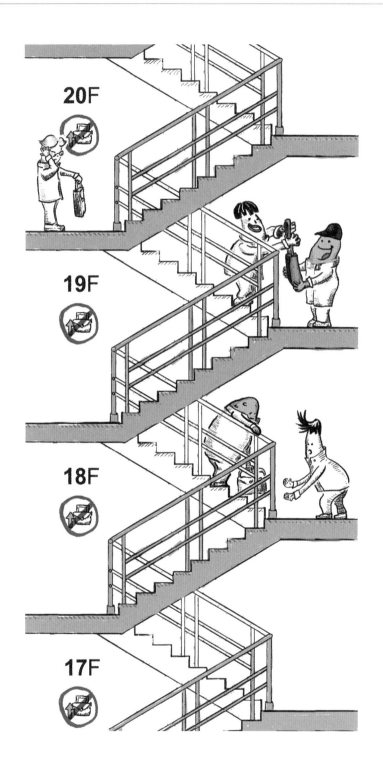

2.4.1 单向数据流

单向数据流是 React 的一个独有特性，同时也是让众多新手困惑的问题之一。数据具体是怎样一种流法？为什么要采取这种机制？先看一段代码：

```
// 航博能特造船公司订单系统之过度简化版
function App() {
  const [boatType, setBoatType] = React.useState("⛵")
  const [quantity, setQuantity] = React.useState(1)
  const boat = (
    <div>{boatType}</div>
  )
  const boatOrderPreview = (
    <div>
      { boat }
      <div>数量：{ quantity } </div>
    </div>
  )
  // orderForm 包括船只类型下拉框和数量文本框
  // 调用了 setBoatType 和 setQuantity，具体代码暂且略去
  const orderForm = ...
  return (
    <div>
      { boatOrderPreview }
      { orderForm }
    </div>
  )
}
```

这段代码的执行结果如图 2-1 所示。程序简单地显示了订单预览及相应的编辑界面。用户可以通过下拉框（HTML select）选择船只类型，通过文本框输入需要订购的数量。

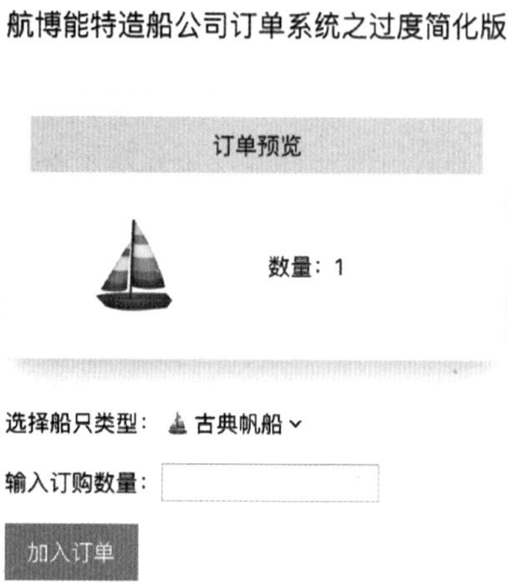

航博能特造船公司订单系统之过度简化版

订单预览

数量：1

选择船只类型：⛵ 古典帆船 ∨

输入订购数量：

加入订单

图 2-1

在这段代码里只有一个组件，其中定义了 boatType 和 quantity 两个 state，当用户输入船只类型和数量时，orderForm 变量内的代码将会调用 setBoatType 或 setQuantity，完成状态更改。

现在，我们来把 boat 和 boatOrderPreview 重构为独立的组件（先暂时把代码拷贝到新组件里）：

```
// 航博能特造船公司订单系统之过度简化版
function App() {
  const [boatType, setBoatType] = React.useState("⛵")
  const [quantity, setQuantity] = React.useState(1)
  // orderForm 包括船只类型下拉框和数量文本框
  // 调用了 setBoatType 和 setQuantity，具体代码暂且略去
  const orderForm = ...
  return (
    <div>
      <BoatOrderPreview />  {/* 以前是：{ boatOrderPreview }，改成组件。 */}
      { orderForm }
    </div>
  )
}
```

```
function BoatOrderPreview(props) {

  return (

    <div>

      <Boat />  {/* 以前是：{ boat }，改成组件。 */}

      <div>数量：{ quantity } </div>   {/*✗出错：quantity 未定义。 */}

    </div>

  )

}


function Boat(props) {

  return (

    <div>{ boatType }</div>  {/* ✗ 出错：boatType 未定义。 */}

  )

}
```

在上面这段代码里，{quantity} 这一行会有一个错误，因为 quanity 变量是定义在 App 函数里的，在 BoatOrderPreview 函数里访问不到；同理，{boatType} 这一行也有类似的错误。那么，怎么把它们传过来呢？这就是传送工程师的工作了：放到手提箱里（props），像接力赛一样，一层楼一层楼地传过来。

```
function App() {

  const [boatType, setBoatType] = React.useState("⛵")

  const [quantity, setQuantity] = React.useState(1)

  ...

  return (

    ...

    {/* boatType 和 quantity 装箱朝楼下传。 */}

    <BoatOrderPreview boatType={ boatType } quantity={ quantity } />

    ...

  )

}


function BoatOrderPreview(props) {
```

```
  return (
    <div>
      <Boat type={ props.boatType } />      {/* 将 boatType 继续朝楼下传。 */}
      <div>数量：{ props.quantity }</div>   {/* quantity 在本层楼使用。 */}
    </div>
  )
}


function Boat(props) {
  return (
    <div>{props.type}</div>                        {/* boatType 到达目的楼层。 */}
  )
}
```

如果我们把这几个组件的层次结构画成一栋楼，这个接力的过程就更清晰了，如图 2-2 所示。

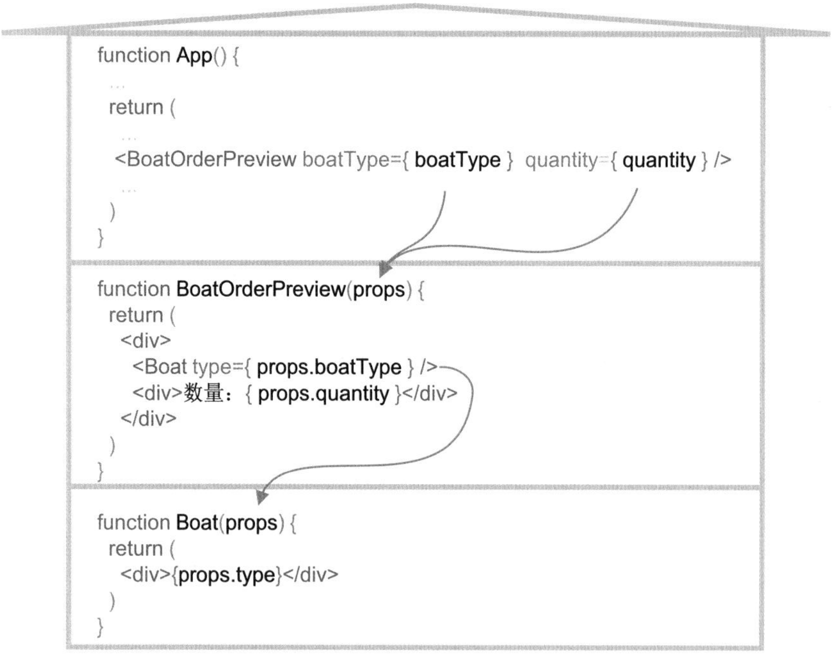

图 2-2

这就是所谓的单向数据流。数据定义在层次结构的上游（往往是 state），如果其孩子节点需要数据的话，我们可以用 prop 的形式一路往下传。

你注意到了吗？这个过程看起来很熟悉。这不就是函数调用时传参数的概念吗？说对了！这个过程的本质就是函数间传参数。事实上，如果我们写一个普通的 JavaScript 程序，也可以看到类似的数据流向，如图 2-3 所示。

```
function app() {
  let boatType = "帆船"
  return boatOrderPreview(boatType)
}

function boatOrderPreview(boatType) {
  return boat(boatType)
}

function boat(type) {
  return <div>{type}</div>
}
// 注意：这并不是 React 代码！
```

图 2-3

别忘了，React 组件就是 JavaScript 函数啊！

2.4.2　数据所有者和消费者

因为在 App 组件内部定义了 boatType 这个 state，所以，我们称 App 为 state 数据的所有者。在 App 函数里，我们可以调用 setBoatType 函数来更改 boatType 的值：

```
function App() {
  const [boatType, setBoatType] = React.useState("⛵")
  ...
  return (
    ...
```

```
    <select
      ...
      onChange={(event) => setBoatType(event.target.value)}
    >

    )
}
```

而一旦以 prop 的形式传到 App 的子节点里，数据就不能更改了，对数据的所有修改操作必须在所有者组件里完成。比如，像下面这样写是不行的：

```
function BoatOrderPreview(props) {
  props.boatType = '⛵' // ✗ 错误
  ...
}
```

如果我们希望这个 props 的内容有所变化，就必须想办法在 App 函数里调用 setBoatType，相应改动过的数据会自然地流动到 BoatOrderPreview 组件里（通过函数调用时传参数）。实际上，这正是当用户点选对手时，目前代码的执行方式。

还记得 React 里的不可变约定吗？ state 的值是不可变的（immutable）。在这里我们看到，prop 同样是不可变的。这不仅仅包括 props 参数本身，还包括其内容，所以，以下的操作都是非法的，prop 永远只能读不能改。

```
props.boatType = "⛵"; //✗ 错误
props.author.name = "郭敬明"; //✗ 错误
```

当然，如果你非要直接修改 props 参数的内容，程序也不会报错，只是执行结果可能非你所愿。这是因为 JavaScript 没有强制某个对象不可变的机制（immutable），React 只跟我们约定一些规则，而无法强制。为了写出正确执行的程序，我们最好尊重这一点，否则后果自负！

2.5 单向电梯

忙了半天，前前后后至少送了几十趟文件，我开始觉得腿脚酸痛——这造船公司怎么有那么多文件要送？到现在为止，连一块甲板都没见到过，干脆叫造纸公司或者造手提箱公司算了。不知道艾伦那里进展如何，找到 CEO 办公室没有。

心里发着牢骚，回到二十楼的传送办公室门口，这次，那个女孩推了一个手推车出来，上面堆了七八个手提箱。我想，这下又够我忙活了，总不能推着车下楼梯吧。

"这次用电梯送，用那边那个货梯。"女孩说。

"哦？好。几楼？"我问。

"到时就知道了。"不等我追问，她又"砰"的一声关上了门。

这什么事嘛，什么叫到时就知道了？我气不打一处来。

算了，不跟她计较。我走到货梯跟前，电梯门自动打开。我将满车的手提箱推进电梯，开始发愁该按哪一楼，这才发现电梯的操作面板上只有开门和关门两个按钮，根本无法选择楼层。另外，电梯内壁也贴了个禁止搬运货物上楼的警示牌。正当不知所措时，我听到一个熟悉的声音。

"等等，等等！"只见夏掣也推着一车手提箱，满头大汗地跑来。

进到电梯里以后，他见我望着操作面板发呆，笑笑说："第一次送电梯货吧？不用选哪一楼。等在电梯里就行了，等会儿需要的楼层会派人来收货。这是我最喜欢的活，等在电梯里啥都不用干。"

果不其然，电梯到了十五楼自动停下，一个手臂上文有骷髅图案的男人走过来从夏掣车上拿走一个手提箱。随后，电梯继续下行，到十三楼，来了个女人从我车上拿走了一个手提箱，她手臂上也有一样的骷髅文身。电梯又继续往下，时不时停一下，等到了一楼，我们俩车上的手提箱基本被拿完了。

我想，既然有这个货梯，为什么还要让人接力赛跑一样地送文件呢？为什么那些来接应的人都有骷髅文身？这间电梯也是只下不上吗？夏掣对这些问题一问三不知。好在脑机在我后来休息时将答案灌入了我的脑中，这电梯是组件间传数据的另一种方式——Context。相比接力的方式（用 props 传数据），Context 既有优势也有局限，并不是所有数据都适合用 Context 传递。与 props 传送方式相同，通过 Context 传数据也是自上而下单向进行的。

2.5.1 prop drilling

在讨论夏掣最喜欢的货梯工作之前，回顾一下让传送工程师们辛苦的接力传递数据方式。在一棵 React 树上，我们可以用 prop 将数据从顶层组件传递到下游组件。然而，这个传递过程就像传递接力棒一般，必须逐级传递，即使一路上有些组件并不使用该数据，也需要参与传递工作。

看下面的代码例子：

```
// 航博能特造船公司主页极简抽象版
function Home() {
  const [theme, setTheme] = useState("light");
  return <Page theme={theme} />;
```

```
}

function Page(props) {
  return (
    <div>
      <Header theme={props.theme} />
      <Content theme={props.theme} />
      <Footer theme={props.theme} />
    </div>
  );
}

function Header(props) {
  return (
    <div>
      <Logo theme={props.theme} />
      <Title theme={props.theme} />
    </div>
  );
}

function Logo(props) {
  return props.theme === "dark" ? <DarkLogo /> : <LightLogo />;
}
```

在这个例子里：theme 从 Home 一直传递到 Logo，但只有 Logo 才是真正的使用者；Page 和 Header 两个组件里根本没有直接用到 theme，但也必须从 props 里将其取出，并顺流传到下一层。

在 React 社区中，很多人称这种现象为 prop drilling，其中 drilling 是钻孔的意思，大概是因为如果想要把数据往下传，就必须把每层楼都钻穿吧。不过，我还是觉得叫 prop relay（prop 接力）更合适一点。prop drilling 在 React 项目中是一个普遍现象，尤其是当组件层级结构比较复杂时。对于一些全局性比较强的数据（例如主题样式、当前用户等），如此逐级传递非常烦琐，也增加了代码的维护难度。

2.5.2　Context

既然 Prop 接力方式伤害传送工程师的感情，总该有个效率高点的方案吧？方案之一就是走货梯——Context。

首先，在提供数据的楼层把数据装车，运到货梯：

```
// 航博能特造船公司主页极简抽象版
const ThemeContext = React.createContext("light");

function Home() {
  const [theme, setTheme] = useState("light");
  return (
    <ThemeContext.Provider value={theme}>
      <Page />
    </ThemeContext.Provider>
  );
}
```

如果在某一个组件中需要用到该数据，就让人到货梯门口接应（调用 useContext）：

```
function Logo(props) {
  const theme = useContext(ThemeContext);
  return theme === "dark" ? <DarkLogo /> : <LightLogo />;
}
```

其他楼层如果不需要用到该数据，就可以忽略它的存在：

```
function Page(props) {
  return (
    <div>
      <Header />
```

```
      <Content />
      <Footer />
    </div>
  );
}


function Header(props) {
  return (
    <div>
      <Logo />
      <Title />
    </div>
  );
}
```

2.5.3　prop drilling 的其他解决办法

值得注意的是，Context 并不一定是解决 prop drilling 的最佳方案。一般来说，我们只应该把一些真正全局的、不会经常发生改变的数据放在 Context 里，如主题样式、当前用户等。如果不论青红皂白什么数据都往 Context 里塞，就可能会造成一些渲染的性能问题。

而对于非全局的数据，很多时候可以通过改进组件架构来更好地解决。

2.6　便携式虫洞

这应该是今天最后一批文件了。这次办公室女孩似乎发了善心，以前都是直接塞给我一摞乱七八糟的文件叫我装箱送走，这次却只递过来一个干干净净的手提箱。我想，也许是快下班了心情好帮我装上了吧。不过，她还是一副不耐烦的态度，再三叮嘱我不要打开箱子。我想：我才懒得看你的破文件呢。接过箱子，我轻车熟路地送到十九楼。不过，当和下一个传送工程师交接的时候，我注意到手提箱正面印了个醒目的字母 f，记得其他的箱子上好像没有。

在回二十楼的途中，我一路东想西想。这字母 f 是啥意思？这里都是楼上朝楼下发文件，但同时禁止往上搬箱子，难道下级不用向上级汇报？艾伦咋还没消息？我送东西都快送傻了。

忽然，只见一个人影风风火火地向我奔来，我定睛一看，那不是艾伦是谁！

"走，上顶楼见 CEO！"

我也是服了艾伦，他打听到最近公司经营状况不好，又不知如何跟 CEO 搭上话，编了一个大谎。他把我说成外地来的新贵富豪，要来跟公司订购二十艘大船，那 CEO 居然还信了，说马上想见我。

来到总裁办公室，CEO 顶着亮闪闪的秃头来开门，笑容可掬地跟我握手。看着他充满期待的眼神，我转念一想，算了，别装什么新贵富豪了，"我神使者"应该更好使吧，干脆直说。

"先生，实不相瞒，我们只是想借艘大船去灵缘岛，把这件东西交给灵修院的长老。"我拿出口袋里的吊坠。

CEO 仔细打量着那个吊坠，我已经准备好受他跪拜。不料，他非但没称我们为"我神使者"，反而哈哈大笑。我和艾伦面面相觑。

"我有那么好骗吗？哈哈哈，什么跟造物主通灵，那是迷信，都是蒙人的玩意儿！你们以为精致一点的玻璃珠就可以骗到钱？滚吧，再不走我就报警了！"CEO 止住大笑，一屁股坐到他的老板椅里，拿起电话听筒。

我还想继续解释，但艾伦扯扯我的衣角，我们狼狈地逃出房间。艾伦责怪我不该那么早拿吊坠出来，叹口气说："事到如今，那只能用 B 计划了！"不得不佩服艾伦的身手，刚刚趁着 CEO 跟我说话，他不动声色地拿走了书架上一张空白合同，只要填上我们的信息，盖上 CEO 的私人签章，就可以去码头提船了。

"那你怎么说服那个秃子盖章？靠绑架吗？"我不解地问。

"没关系，他不给盖章的话，我们自己盖！你看，我刚才送货时还顺走了这个。"艾伦神秘兮兮地拿出一个手提箱，上面印有醒目的字母 f。

"你把他的私章给偷出来了？"

"不是，等会儿你就知道了。你先到二十楼去接应我，我乘货梯把箱子拿下来，公司的规章制度还是要遵守，呵呵。"

我们在二十楼碰头后，艾伦让我把箱子藏到一个隐秘的角落，等人去楼空再来行动。

到了半夜，我们又潜回到公司的二十楼。

"这玩意儿可是黑科技。"艾伦说着，打开那个事先藏好的手提箱。只见箱体泛着难以察觉的蓝光，但内部空空如也。我揉揉眼睛，注意到箱子内部比周围环境要暗许多，似乎是一个很深的洞口——不对啊，这手提箱也就十厘米厚。

艾伦用电筒朝"洞口"内照去，我才看到，箱子内居然别有洞天。这不是 CEO 的老板椅吗？还有他桌上的电话，他的私章就放在办公桌上。艾伦把手伸到箱子里，将合同放在桌上，拿起印章"啪"的一声盖上去，最后把印章原封不动地放回原处，提船合同就这样神不知鬼不觉地搞定了！

"这……这是个虫洞？！"我看得目瞪口呆。

艾伦点点头；"对，这是一个微型便携式虫洞，连接的是 CEO 办公室。"

原来，这个微型虫洞本来的作用是解决那个让我百思不解的问题：楼下如何向楼上汇报。CEO 如果想要某层楼汇报工作，就把虫洞箱子让传送工程师走接力或者货梯传下去，该楼层的工作人员把文件往虫洞里一放，就直接到 CEO 的办公桌上了。

不过，这真是"用核弹打蚊子"啊，用虫洞这么牛的黑科技来传文件？！我觉得这个安排真是漏洞百出。不过，后来我在脑机灌给我的思维模型里找到了合理一点的解释，毕竟这些都是 React 代码：虫洞其实是一个回调函数，难怪箱子上有个字母 f，function 嘛。上层的组件可以通过 prop（接力）或者 context（走货梯）的方式将回调函数传到下层组件，在下层组件运行回调函数，就可以达到将数据传回上层组件的目的。

◎ React 思维模型：用虫洞（回调函数）从下往上传数据。

下面照例用代码仔细解释一下。

2.6.1 从下往上传数据

现在，我们把前面的订单系统代码再重构一遍，把 orderForm 的代码抽出并写成独立组件：

```
// 航博能特造船公司订单系统之简化过度版
function App() {
  const [boatType, setBoatType] = React.useState("⛵")
  ...
  return (
    <div>
      <BoatOrderPreview boatType={ boatType } quantity={ quantity } />
      <OrderForm />
    </div>
  )
}


function OrderForm(props) {
  const boatTypes = ['⛵', '🚤', '🛥']
  return (
    <form>
      <select
        onChange={(event) => {
          // 此处不能直接调用 setBoatType，所以需要将用户输入的
```

```
        // 信息（event.target.value）向上传送至 App 组件
        // 再在那里完成对 state 的更改
      }}
    >
      {boatTypes.map((f) => (
        <option key={f} value={f}>
          {f}
        </option>
      ))}
    </select>
    ...
  </form>
  )
}
```

在 OrderForm 的 onChange 事件中，我们收集到了用户输入的信息（event.target.value），但因为 setBoatType 是定义在 App 函数里的局部变量，我们无法在 OrderForm 中直接调用，解决办法是把用户输入的信息从下往上传到 App 组件里，再在那里完成对 state 的更改。具体的实现方式就是"便携式虫洞"（回调程序）。在 App 里，我们写 OrderForm 标签时加一个新的 prop，其名为 onBoatTypeChange，其值为一个函数（以下例子使用了箭头函数，其实用普通的函数也可以）：

```
function App() {
  ...
  return (
    ...
    <OrderForm onBoatTypeChange={(newBoat) => {
      setBoatType(newBoat)
    }}>
    ...
  )
}
```

在前面这段代码里，我们把这个回调函数从 App 传到下面的 OrderForm 组件，等待在那里收集数据。如果需要的话，我们可以将回调函数通过 prop 连续向下传递若干个层级，这跟用接力的方式传递普通数据相同，使用的同样是单向数据流方式。所以，在 React 星上，不管是文件还是虫洞，都可以装到手提箱里，由传送工程师一层楼一层楼接力式传送，只不过装回调函数的箱子上标有字母 f 而已。

2.6.2　在楼下交付文件

再来看看在楼下是如何使用这个虫洞将数据传回楼上的。

```
function OrderForm(props) {
  ...
  return (
    <form>
      <select
        onChange={(event) => {
          props.onBoatTypeChange(event.target.value)
        }}
      >
        ...
      </select>
      ...
    </form>
  )
}
```

因为 props.onBoatTypeChange 是一个函数，所以，我们可以直接调用它，同时传给它用户输入的信息（event.target.value）作为参数。只要调用了这个函数，就可以将数据传回上级组件，并让该函数在其原先定义的环境中运行（例如可以访问上级组件内定义的局部变量）。这是 JavaScript 中闭包（Closure）的概念。怪不得这是个虫洞，数据只要放进去，就能瞬移到目的地，不需要依赖额外的方法进行传递。

为了安全起见，我们加一个条件判断，只有当传过来的是函数时才会调用它：

```
<select
  onChange={(event) =>
    typeof props.onBoatTypeChange === "function" &&
    props.onBoatTypeChange(event.target.value)
  }
>
```

2.6.3 下放控制权

值得一提的是，当一个组件将一个回调函数传递到其子组件时，其作用不仅仅是收集数据，还包括将本组件的一部分控制权下放给子组件，由子组件来决定何时运行回调函数、改变父组件的状态。把手伸到虫洞里，即可将文件放到 CEO 办公桌上（尽管也会发生他意想不到的事）。

```
function App() {
  const [boatType, setBoatType] = React.useState("⛵")
  ...
  return (
    ...
    <OrderForm onBoatTypeChange={(newBoat) => {
      // App 组件将何时更改其 state 的决定权下放给了 OrderForm 组件
      setBoatType(newBoat)
    }}>
    ...
  )
}
```

2.6.4 通过 Context 传递回调函数

既然虫洞是便携式的，那么，我们既可以用 prop 接力的方式向楼下传，也可以使用夏掣最喜欢的货梯。

```
// 脑机提示：本示例仅用于展示传递回调函数的另一种可能性，在实际应用中
// 这可能并不是一个很好的设计。今后你将看到更符合实际应用场景的例子
```

```
const BoatSetterContext = React.createContext()

function App() {
  const [boatType, setBoatType] = React.useState("⛵")
  ...
  return (
    <BoatSetterContext.provider value={{ onBoatTypeChange: setBoatType }}>
      ...
      <OrderForm />
    </BoatSetterContext.provider>
  )
}


function OrderForm(props) {
  ...
  // 在此组件中并不需要考虑船只类型，故可以忽略该 context 的存在
  return (
    <form>
      <BoatSelect />
      ...
    </form>
  )
}


function BoatSelect(props) {
  ...
  // 如果需要这个虫洞，就派人到电梯口收货（useContext）
  const context = useContext(BoatSetterContext)
  return (
    <select
      onChange={(event) => {
```

```
        // 从 context 中取出回调函数并调用
        context.onBoatTypeChange(event.target.value)
      }}
    >
      ...
  </select>
 )
}
```

2.6.5 JavaScript 中的回调函数

细心的你可能已经注意到了，onBoatTypeChange 其实跟我们以前用到的事件类似（例如 input 的 onChange），只不过这是我们自己定义的事件，只要合乎一定的规范，就可以自由地指定其名字和具体行为。

另外，这个回调函数在 JavaScript（乃至其他的编程语言）里早就有了，并不是 React 的全新发明。例如，在 DOM API 里的事件处理器，我们也能找到从下游获取数据的回调函数的身影：

```
window.addEventListener('keydown', (event) => {
  ...
})
```

记住，React 的大厦是建在 JavaScript 的地基上的，组件就是函数，函数的基本规律同样适用于组件。

2.7 笔记

一回到酒店房间，我连忙掏出笔记本——这笔记强迫症啊，发作起来必须写点什么才行。我颤抖着翻到最后一页，却发现能写字的地方都填满了各种涂鸦。咋办，往哪儿写呢？总不能又写在手掌上被艾伦笑话吧？正寻思着，我瞥见桌上那幅画卷。嗯，不愧是画师，这幅水墨地图画得挺雅致……这上面不就有很多空白吗？

1.摩组城鸟瞰

组件的模块化思维，分而治之、模块组合、代码重用。模块化是 React 组件乃至整个软件工程的核心思维，也就是分而治之、模块组合和代码重用。

2.组件的组合

- React 组件之间有丰富、灵活的组合方式（composition），在一个组件中能使用其他的组件，所形成的组件又可以作为建造其他组件的基础。

- 典型的组合方式包括：包含关系、动态包含、特例化、组件引用。

3.周而复始的面试

React 组件内有一个时间循环，即每次渲染时，组件内的局部变量都会回到初始状态。一个组件有可能被多次渲染，所以，这个时间循环也会重复多次。

4.传送工程师的接力：组件间单向数据流

数据定义在层次结构的上游（往往是 state），如果其孩子节点需要数据，那么我们可以用 prop 的形式一路往下传。

5.单向电梯：Context

数据直达目的地。相比 props 的逐级接力式传递，Context 可以将数据直接送达目的地。与 props 传递方式相同，通过 Context 传递数据也是自上而下单向进行的。

6.便携式虫洞

用回调函数从下往上传递数据。在一个 React 组件树中，数据可以通过回调函数从下往上传递。方法是将回调函数通过 props 或 Context 传递到下游，然后在下层组件中调用该函数。

第 3 章

瑞海惊魂

React Hook 相关的思维模型，包括 Hook 的总体思路、标准 Hook 的分类整理及使用详解（覆盖 useMemo.useCallback、useState、useReducer 和 useRef）、useEffect 详解、深入理解 Hook 的使用规则、条件化使用 Hook 的常见模式及自定义 Hook。

都说瑞海最近风暴不断，今天却是格外的风和日丽。我靠在甲板栏杆上，望着渐渐远去的城市海岸线，一群海鸥静静地徘徊在空中，追着船尾的浪花，时而俯冲入水，时而又跃出海面。

那个秃头 CEO 的签章还真管用，凭这一纸合同，我们就顺利地提到了一艘小型远洋帆船，全体船员有十几号人，都听我和艾伦的号令。不过，这艘船似乎缺乏维护，随处可见破损残缺，刚刚我还差点被一块翘起的船板绊了一跤。唉，没法啊，我们在码头提船时生怕被人发现蹊跷，一上船就赶紧起航，哪有时间仔细挑选？只要是一艘能下水的船就行，能载我们去灵缘岛才是正事。说到灵缘岛，又想起给我吊坠的那个女孩儿，不知是否还有机会见到她。

"嘿，原来你在这儿，害我到处找，船长有事跟我们商量。"艾伦的话打断了我的思绪。

……

"先生，你们要去的地方是这儿对吧，海图上没有岛啊？我在这瑞海上航行了几十年，都没听说过那儿有什么岛，倒是有好几艘船在那附近失踪了。"老船长忧心忡忡地递给我一张海图。

我接过海图，对比着画师给我们的那幅画卷，看到本应是灵缘岛的位置却没有任何标志。我心里暗想，画师没理由骗我们吧？兴许是这海图过于老旧？事到如今，也只有闯一闯了。

我从衣袋里取出那个吊坠挂在胸前，跟艾伦交换了一下眼神。画师说过，需要的时候，吊坠会为我们指引方向。

"按画师的图开过去吧，应该不会错。"我强作镇定地说。

3.1　古典帆船

我们朝着外海的方向航行了数日，一路上风平浪静，所见景色始终是一望无际的湛蓝大海。

我和艾伦闲得无聊，就搬了一把凳子坐在甲板上。这艘船可真是老古董啊，船体为全木质结构，动力仅靠风力和人力，连蒸汽机都没有。在船长的指挥下，三个船副带领着水手们娴熟地操纵着船帆，哪怕只有微弱的风力，船也能借上力，而且航行速度也不慢，甚至逆风也照样可以前进。听船长说这艘船在 0.13 纪元第一次试水，多年来几经易主，也不知经历过多少风浪，到今天居然还能远洋航行，不能不说是一个奇迹。

这 0.13 纪元是个什么概念？艾伦告诉我这是 React 星上的纪年方法，大致对应人类历法中的 2015 年，不过对于 React 星来说，相当于已经过去了几个世纪。我不由得起了考古的好奇心，想看看这古董背后是什么原始代码，便走到一个无人的角落，将观察者窗口的探针插到船板里。很快，投影屏幕上显示出一段代码，貌似是一个组件，不过跟我以前看到的组件代码有些不同。

```
class Boat extends Component {
  state = {
    location: '摩组城码头'
  }
  componentDidMount() {
    ...
  }
  componentDidUpdate(prevProps) {
    if (prevProps.data === props.data) return
    ...
  }
  componentWillUnmount() {
    ...
  }
  render() {
    return (
      <div>
        <div>位置: {this.state.location}</div>
        <button onClick={() => this.setState({ location: '海上' }) }>启航</button>
      </div>
    )
```

```
    }
  }
```

原来，这艘船是一个类组件，也就是定义为一个 JavaScript 类（class）的 React 组件。怪不得最高的桅杆顶部插着一面写有英文 class 的旗帜，我开始还以为是 classics（古典）拼错了呢。从 0.13 版开始，React 支持使用 ES6 类的语法定义组件，所以这艘船就是那个时候建造的，所谓的 0.13 纪元其实就是 React 的版本号。

一众船员也对应着组件内的各部分代码，比如，船长是这个类的 setState 方法，负责掌管船的总体内部状态。三个船副分别是被称为"生命周期回调函数"的方法——componentDidMount、componentDidUpdate 和 componentWillUnmount。他们的职责是监测风向、洋流和船的航行情况、适时汇总并报告给船长。

我发现，相比前几天看到的函数组件（定义为函数的组件），这种类组件的格式要繁复不少，比如 extend、render 等都是函数组件不需要的，还有那三个什么"生命周期回调函数"，更是闻所未闻。我忍不住想，如果用函数组件建造，是不是就不需要那么复杂的船体结构和那么多的船员了？

正想到这里，甲板的另一边忽然传来一阵杂乱的脚步声。

"快！转向！转向！快！"

这是船长的声音！我忙奔过去查看究竟。

3.2　遭遇胡克船长

甲板上，只见全体船员如临大敌，一个个手忙脚乱。船长忙着指挥，船副和水手们则奋力调整风帆，余下的船员都十万火急地奔向各自岗位。

我截住一个正准备下楼的水手，"海……海盗！"他上气不接下气地说。

我心中纳闷，都什么年代了还有海盗？这时，艾伦走过来，递给我一副望远镜。循着艾伦所指的方向，望远镜视野里猛然出现一艘巨大的现代军舰，船身通体乌黑，船顶有一面乌黑的骷髅旗迎风飘扬。这是……现代版的黑珍珠号？

这时远处隐隐传来一阵轰隆声。"是冲我们来的，刚才那是鸣炮示警。"艾伦脸色郑重。

"全速前进！"船长大声疾呼，干脆一把推开正在转舵的水手，亲自操纵起来。

然而，这全靠风力和人力的老古董怎能比得过现代军舰的坚船利炮？海盗军舰上放下的快艇很快逼近，海盗们个个穿着迷彩服，手握 AK4，勒令我们立即停船。这帮海盗随即四处搜索，见人就绑。可怜我们手无寸铁，船长、船副、水手，外加我和艾伦十几号人，个个都被捆成了粽子，横七竖八地被扔在甲板上。有一个海盗径直爬上桅杆，将原先写有 class 字样的旗帜降下，换上一面黑旗，旗上阴森森的白色骷髅头俯视着船上众人，下面还隐约有一行白字。老船长气得不停顿足，大骂海盗狗贼，随即便被堵住嘴，只能发出呜呜的声音。

不一会儿，另一艘快艇急速驶来，一众海盗簇拥着一名红衣人登上船来。只见这人身穿旧式宫廷礼服，头戴礼帽，胡须向嘴角两边卷曲翘起。最令人惊讶的是他的右手，不，他没有右手，取而代之的是一个寒光闪闪的铁钩。

我不禁觉得好笑，转过头小声对被绑在旁边的艾伦说："这是拍电影吗？铁钩船长都来了。"

没想到红衣人耳音敏锐，大笑着挥了挥他的铁钩："小子有眼光，铁钩船长胡克，正是本人。"回头瞥见挂在我胸前的吊坠，他一把抓了下来，放进自己的衣袋。

"大胆！还给我！你知道这是什么吗？你胆敢冒犯神的使者？"我一下急了，无奈被捆住手脚，无法夺回吊坠。旁边的艾伦也是满眼无助。

胡克船长毫不理会，转身径直朝老船长走去，取出堵在他嘴里的破布。

"你是船长？"

"你船长爷爷就是我！你们这帮海盗狗贼！"

"哦，你没用了。"胡克船长说完回头看了一眼众海盗喽啰，用铁钩在自己脖子前比画一下。众喽啰会意，将老船长抬起向船舷边走去。

"放开我！你要是杀了我，就休想把这船开走！放开我！"老船长拼命挣扎，却完全无济于事。我们只好眼睁睁地看着他被扔下海，听着船长的哀号。船员们个个攥紧了拳头，心里却也是不寒而栗。

胡克船长走到甲板边缘，轻轻一跃，跳到船舷栏杆上站定，朗声说道："你们船长说这船离了他就开不动，你们信吗？"

只见他挽起袖子，高举着铁钩来回晃动，似乎要做什么祷告仪式，或者更像是运动员在奋力一掷前做着的准备动作。只听他大喝一声，"走！"，铁钩脱手而出，"嗖"的一声疾飞出几十米，拖着其后一缕细线坠入水中。

敢情铁钩是用来钓鱼的啊，我忍不住笑出声来，一时忘了船长和被抢走的吊坠。艾伦却碰我一下示意要小心。

胡克船长站在栏杆上如履平地，右臂不时上下左右摆动，似乎在控制水中铁钩的位置。周围的海盗都凝神注视、表情肃穆。又过了大概半小时，我被太阳晒得昏昏沉沉，忽听胡克船长大喊一声："起！"只见海水一阵翻腾，一个长满珊瑚海草的硕大木箱在铁钩的拖曳下露出水面。胡克船长右臂轻轻抖动，拴着铁钩的细线慢慢收紧。那木箱少说也有几百斤，再加上浸满海水，胡克船长却只轻轻一提，便将木箱平稳地放到甲板上，足见他的神勇难当。众海盗忙不迭地围上来，拿过斧头、起子准备开箱。由于视线被人群阻挡，我看不到箱子里装的是什么金银财宝，只听得海盗喽啰们一阵欢腾："铁钩万岁！万岁铁钩！"

胡克船长站在栏杆上一抬手，又清了清嗓子，下面乱哄哄的海盗喽啰们顿时安静下来。

"迎接命运的洗礼吧，铁钩的到来，就是你们的新生！"海盗喽啰们又是一阵聒噪。

说完，胡克船长一纵身落到我跟前，忽然变得和颜悦色："小朋友，这艘船的船长你来当更合适。"说罢，他左手握住右臂上的铁钩，竟将其取下，放到我跟前，然后从怀中又取出一个铁钩在右臂上装好。

"我？……我当不了船长，你把大家放了，把吊坠还给我吧！我其实是……"

胡克船长不听我解释，叫来身边一个年轻海盗："尤日史德特，你先代理船长一职，等小朋友准备好了，再把这个铁钩交给他吧。"随即他便在几个手下的簇拥下登上快艇，朝海盗母舰开去，留下我和艾伦面面相觑，不知道他葫芦里卖的什么药。

"这天杀的海盗不光杀人、抢东西，还叫老子小朋友！"我恨恨地说。

"这胡克船长肯定大有来头。哦，对了，你不觉得这些海盗身上的文身很熟悉吗？"艾伦提醒我。

我瞄了一眼正对面不远处的一个海盗，猛然想起在航博公司电梯口接应货物的那些人，他们手臂上有一模一样的骷髅文身！

胡克？

……

Hook ！

我恍然大悟："对啊，我怎么早没想到呢，这两个词完全同音啊！在航博公司送电梯货的时候，脑机给我提示过，那帮来接货的人是 Hook，是 React 星上特殊的存在。没想到是一帮海盗啊！"

我又想了想，还是一头雾水："那胡克船长往海里扔钩子、钓箱子又是什么意思呢？"

"我也不清楚啊。我们随机应变吧，还得把吊坠拿回来，去灵缘岛，不是吗？"

3.3 风向急变

说来也奇怪，海盗们自登船以来，似乎一直忙着修这修那。他们不光把以前写有 class 的旗帜换成黑底白字的骷髅旗，还把原木色的船舱里里外外都漆成黑色，又把原来破损的栏杆修好并加上金属外皮，甚至还搬来几个马达装在船尾。更好笑的是，有个家伙一直在那儿雕雕琢琢，硬是把船头的一个木桩渐渐雕成了一个骷髅头，还挺像一个艺术品。这帮海盗是要改行当修理工、木匠还是艺术家？

对了，我看清楚了骷髅旗上的那行白字，是英文 function。把 class 旗换成 function 旗……这难道是要把这艘船从类组件重构成函数组件？我想用观察者窗口查个究竟，无奈负责看守的海盗一直目不转睛地盯着我们，让我不敢有任何举动。

忽然，有人大喊一声："风向要变！"站在离我不远处的代理船长尤日史德特忙从怀里掏出先前那个铁钩，右手高举似乎要发号施令，其他海盗见状，也纷纷从怀里掏出一个什么东西，奔向船舷边。

谁知风暴来得太快，一个巨浪，船身一阵剧烈颠簸，众人被撞得七倒八歪。紧接着，一阵暴雨毫无征兆地降下来，豆大的雨点砸在脸上，让我不得不闭上双眼，呼呼的风声和轰轰的海浪声顿时将周围的一切都淹没了。

好在这场风暴来得快去得也快，我还没来得及惊慌，风雨突然消停，不一会就拨云见日。

我仔细打量，船上的景象却让我无比震惊。船舱又变回了以前的原木色，海盗们又从头开始油漆船板，修理破损的栏杆并加上金属外皮，搬来三五个马达正在往船尾安装。那位艺术家还在埋头苦干，暂时还看不出他是要把那个木桩雕成一个骷髅头。这一切就好像那场风雨从未来过。

这……这又是时间循环？

就好像……在航博公司那场周而复始的面试！

我记得那是因为 React 重新渲染函数组件（其实也就是重新调用函数），所以函数内定义的变量和计算就必须从头开始。看样子这船确实是被重构成了函数组件，那么，老船长说离了他船就寸步难行也许有一定道理：类组件靠 setState 方法管理其状态，而函数组件里是没有这个方法的容身之地的。

"风向要变！"站在高处的那个黑脸大汉再次大喊。

又来了！不过，对于即将到来的暴雨和风雨后的时间循环，此时我心里已经准备充分。

但出乎预料的是，风暴来得并没有上次那么突然，这让海盗们有足够的时间奔到船舷边。我这才看清，他们从怀里掏出的是一个个铁钩，和胡克船长右臂上的大同小异。只见众海盗纷纷将铁钩投入水中，然后如胡克船长般拉动手中的细线。那位艺术家更是奇特，他一斧头把刚刚雕刻完工的骷髅头砍下，用铁钩穿过骷髅的眼窝，再连铁钩带骷髅扔到海里。

风雨该来还是来了。

一阵电闪雷鸣、暴雨倾盆过后，我惊讶地发现，众海盗们还在船舷边，手里拖着那根拴着铁钩的细线。

咦？这次时间不循环了？但是船舱明明还是恢复了原木色啊。

"起！"忽闻艺术家一声大喝，提上来的却也只有挂着骷髅头的铁钩。只见他满意地将骷髅取下，安装在先前的木桩上，继续打磨。

这时，"起"声此起彼伏，海盗们纷纷把铁钩都收了回来，有些钩上来油漆桶、有些钩上来马达，代理船长尤日史德特则钓上来一个木箱，比胡克那个小了点，但也似乎颇有些分量。

我看得莫名其妙，忍不住向尤日史德特问道："你们这是在钓什么啊？"

"船内时间循环往复，而海里则不是。"他一边开木箱，一边有点答非所问。

忽然，两行久违的蓝色荧光字出现在我的视野。

◎ React 思维模型：Hook 从函数组件的外部环境中"勾"回新功能。

◎ React 思维模型：Hook 将函数组件内的数据保存到外部环境，以备下次渲染所用。

3.3.1 从外部环境中"勾"回新功能

原来，往海里扔铁钩、"勾"回一些东西是海盗们的必备技能，这也是所有 Hook 的共同属性：从函数组件所在的外部环境中"勾"回一些新功能。

别忘了，海盗已经把我们的 Boat 组件从类组件重构成了函数组件：

```
function Boat(props) {
  let location = "摩组城港口";
  return <div>位置: {location}</div>;
}
```

目前为止，这个组件的功能很简单，只是显示一个 div，其内容为"位置：摩组城港口"。无论这个组件被渲染多少次，总是这个结果，也就是说船老是停在摩组城的港口里。

那么，怎样才能把船开走呢？在从前的类组件里，我们就去找老船长，调用一个 this.setState 就可以了，setState 方法是从 React.Component 类继承而来的。而在函数组件里，我们自然无法继承 setState 方法，事实上，在 Hook 出现之前，函数组件是不可能保存和更新其内部状态的，这也是为什么老船长那么自信，觉得船离了他就寸步难行。然而，Hook 的到来使得函数组件也能支持状态，而作为船长的 setState 方法反而没有存在的必要了（被扔下海喂鲨鱼也是理所当然！）。

在函数组件中，支持状态的方法就是使用 useState Hook：

```
import { useState } from "react";

function Boat(props) {
  // 尤日史德特扔出铁钩，从 React 的海里勾回箱子
  // 箱子里装着目前的状态值以及改变状态的方法
  const [location, setLocation] = useState("摩组城港口");
  return (
    <div>
      位置：{location}
      <button onClick={() => setLocation("海上")}>启航</button>
    </div>
  );
}
```

在加上 useState 之前，这个 Boat 函数功能很单一：无论这个组件在何时被渲染或渲染了多少次，它总是返回同样的结果。而加入 useState 之后，这个函数组件则从其外部环境（React）里获得了支持内部状态的新功能，可以返回基于用户输入的不同结果。

依此类推，当其他的海盗纷纷扔出铁钩，他们也为这个函数组件勾回了不同的新功能：

```
import {
  useState,
```

```
  useMemo,

  useEffect,

  useRef,

  useCallback,

  useContext,

} from "react";


function Boat(props) {

  // 尤日史德特扔出铁钩，从 React 的海里勾回箱子

  // 箱子中包括目前的状态值以及改变状态的方法

  const [location, setLocation] = useState("摩组城港口");

  // 艺术家扔出钩子，从海里勾回上次雕好的木骷髅头

  const artwork = useMemo(() => carveSkeleton(), []);

  // 其他海盗们也纷纷扔出铁钩

  //   useEffect(...)

  //   const ref = useRef()

  //   const callback = useCallback(...)

  //   const context = useContext(...)

  //   ...

  return (

    <div>

      位置：{location}

      <button onClick={() => setLocation("海上")}>启航</button>

    </div>

  );

}
```

3.3.2　保存数据以备下次渲染

　　从某种意义上来说，海盗们扔铁钩都是为了应付船里的时间循环：当每次重新渲染时，函数内部定义的变量和计算必须从头开始，所以我们需要某种机制将函数组件的内部数据保存到其外部，以备下一次渲染时取回使用。否则帆船将永远停在海里，就别提去什么灵缘岛了。见如下代码中的注释：

```
import { useState } from "react";


function Boat(props) {
  // 每次当Boat组件被渲染时，尤日史德特都钓回一个装着location和setLocation的木箱
  // location 是上次渲染时保存在外部（海里）的数据
  // 现在取回来再用，免得又回到了初始状态摩组城港口
  const [location, setLocation] = useState("摩组城港口");
  return (
    <div>
      位置：{location}
      {/* 调用 setLocation 后，新的数据即保存在"海"里，以备下次时间循环时取出使用 */}
      <button onClick={() => setLocation("海上")}>启航</button>
    </div>
  );
}
```

我们可以根据具体用途将 React 提供的几个标准 Hook 分类：

- 保存只读数据：useMemo 和 useCallback。

- 保存可变数据，更改时触发渲染：useState 和 useReducer。

- 保存可变数据，更改时不触发渲染：useRef。

接下来，我来逐一详细介绍这几个 Hook。

3.3.3　保存只读数据

第一类 Hook 仅仅保存数据，以便下次渲染时取出使用。所保存的数据是只读的，只能通过运行构造函数重新生成。此类 Hook 包括 useMemo 和 useCallback。

保存某个数据值以便下次使用，这个操作被称为 memoization（注意不是 memorization！），这也是为什么第一个 Hook 名为 useMemo。memoization 常常用于渲染性能优化：雕刻骷髅艺术品要花很长时间，所以艺术家海盗雕完以后就将作品扔进海里保存，下一次渲染时直接勾回来用就行了，不用从头开始雕刻。

1. useMemo

如下是 useMemo 的使用范例。

```
// 使用了 useMemo
function App() {
  // 无论渲染多少次，carveSkeleton 只会运行一次，skeleton 是其返回值
  const skeleton = useMemo(() => {
    return carveSkeleton()
  }, [])
  ...
}


// 不使用 useMemo
function App2() {
  // 每次渲染都会运行 carveSkeleton，skeleton 每次都会刷新
  const skeleton = carveSkeleton()
  ...
}
```

第一个参数是一个构造函数，useMemo 将其返回值保存。当下次渲染时，useMemo 直接取出保存的值，而不是重新运行构造函数。第二个参数被称为"依赖数组"，它用来控制何时重新运行构造函数，如果是一个空数组，则表示构造函数只会运行一次。

2. useCallback

useCallback 的用法基本相同，唯一的区别是它保存的不是函数的返回值，而是回调函数本身。使用范例如下。

```
function App() {
  // 无论渲染多少次，callback 都是同一个函数
  const callback = useCallback(() => {
    someExpensiveWork()
  }, [])
  ...
```

```
}

function App2() {
  // 每次渲染都会重新创建一个新的 callback 函数
  const callback = () => {
    someExpensiveWork()
  }
  ...
}
```

3.3.4 保存可变数据，更改时触发渲染

第二类 Hook 不仅保存数据，而且提供某种方式用以更改数据，数据更改后将触发组件渲染，届时取出更改后的数据以便构造生成新的 React 元素。此类 Hook 包括：useState 和 useReducer。

1. useState

useState 的用法我们已经熟知。

```
// 1. useState 返回一个数组，其第一个元素即为以前渲染所保存的数据（latitude）
// 2. setLatitude 用以更改数据并保存，并且触发下一次渲染
// 3. 在下一次渲染中，刚刚保存好的数据可以同样的方式取出（latitude）
const [latitude, setLatitude] = useState(49.149);
```

当需要更改数据时，我们只需要调用相应的设置器（setter），并提供新值。

```
setLatitude(49.083);
```

另外，设置器的参数还可以是一个函数。

```
// prevLatitude 是数据更改前的值
setLatitude((prevLat) => prevLat - 0.009);
```

这个版本被称为"函数式更改"（functional update），这样做的好处是可以让新状态值只依赖于上一次的状态值，而不受调用环境的影响。例如，下面的代码的实现目标是让船以每秒 0.009 纬度值的速度向南航行。

```
function Boat() {
  const [latitude, setLatitude] = useState(49.149);

  // useInterval 是一个用于定时重复执行代码的 Hook
  useInterval(() => {
    // ✗ 看似正确，实则受到了外部环境的影响
    setLatitude(latitude - 0.009);
  }, 1000);

  return (
    <div>
      <div>经度：-125.94489</div>
      <div>纬度：{latitude}</div>
    </div>
  );
}
```

这段代码看似正确，但运行起来会发现，船的纬度会变为 49.14，然后就再也没有动静了，并没有像预期的那样每秒减少 0.009（朝南航行）。这是因为调用 setLatitude 时用到了定义在外部的变量 latitude，其值始终保持初始状态，所以 interval 每次运行时都会重复同样的操作。

```
setLatitude(49.149 - 0.009)
setLatitude(49.149 - 0.009)
setLatitude(49.149 - 0.009)
...
```

我们可以用 useState 的函数式更改格式改进这段代码，让新的 latitude 只依赖于上次的结果，而不受调用设置器时外部环境的影响。

```
function Boat() {
  const [latitude, setLatitude] = useState(49.149);

  // useInterval 是一个用以定时重复执行代码的 Hook
```

```
useInterval(() => {
  // ✅ 让新的 count 值只依赖于上次的结果
  setLatitude((prevLat) => prevLat - 0.009);
}, 1000);

return (
  <div>
    <div>经度：-125.94489</div>
    <div>纬度：{latitude}</div>
  </div>
);
}
```

所以，如果新的 state 依赖于当前的 state，我们应该尽量使用函数式更改，以避免无意中受到环境影响而产生 Bug。

最后，值得一提的是，如果在调用设置器时使用了与当前状态相同的值，React 则会忽略此次更新，从而不会触发新一轮的渲染。

2. useReducer

useReducer 可以看作 useState 的升级版本，尤其擅长处理程序里的复杂 state。实际上，useState 是用 useReducer 实现的，所以 useReducer 其实更靠近底层一些。不过 useReducer 的本质仍然是：保存某种状态信息，使其便于在下次渲染中使用，并且提供了一种数据更新机制，更新以后触发新一轮的渲染。

下面比较 useState 和 useReducer 的用法：

```
const [state, setState] = useState(initialState);


const [state, dispatch] = useReducer(reducer, initialState);
```

与 useState 类似，useReducer 返回一个数组，其中第一个元素是保存的数据，第二个元素用来更新数据的函数。不过这个更新函数的名字怪怪的——dispatch，中文意思是"调度、派遣"。另外，useReducer 的调用参数还多了一个 reducer。

为什么会有这些差别呢？我们来看看它们分别是如何更新数据的。

```
// useState：如下两种更新方式之一
setLatitude(49.149);

setLatitude((lat) => lat - 0.009);


// useReducer
dispatch("朝南航行");
```

在上面的代码里，setLatitude 函数的参数是需要保存的新数据（或者用于计算出新数据的函数），而 dispatch 函数的参数是一个字符串，似乎并没有包括任何新数据。换句话说，dispatch 调度的是一个任务，而在调用 dispatch 时只需要提一下任务名，至于具体如何执行任务、保存什么新数据，在调度时都不做说明。

那任务的具体细节总要在某个地方说明吧？玄机都藏在调用 useReducer 时的第一个参数 reducer 里：

```
function App() {
  const [latitude, dispatch] = useReducer(latitudeReducer, 49.149)
  ...
}


// reducer 是一个函数
function latitudeReducer(lat, action) {
  switch (action) {
    case '朝南航行':
      return lat - 0.009
    case '朝北航行':
      return lat + 0.009
    default:
      throw new Error()
  }
}
```

看到了吧？ latitudeReducer 函数定义了任务的细节：针对每个任务（action），返回相应的新状态（latitude）。不光是单个任务，所有任务的描述都集中在这个函数里，所以，switch 语句在 reducer 函数里很常见。

这样做有什么好处？可以让代码更加便于测试和维护，我们得以把业务逻辑的实现细节从表现层（组件）代码中抽离出来，单独放到一个函数里。与之相比，如果使用 useState，业务逻辑就不得不混杂在组件函数里，增加了维护和测试的难度。另外，你注意到了吗？这个 latitudeReducer 函数是定义在组件之外的，其实它跟 React 完全没有关系，只关心自己的两个输入参数。这也让针对业务逻辑的单元测试更加简单易行。

此外，当计算新状态时，我们还可以参考旧的状态（lat 参数）。这点与 useState 的函数式更新格式作用一样，即排除在调用更新函数时的环境影响，让新状态纯粹地由旧状态推演而来。而 useReducer 在这一点上更进了一步，因为 reducer 是定义在组件之外的，我们完全没有机会意外地用到组件里定义的变量。

3. useReducer 的典型用法

那么，reducer 究竟是什么？事实上，它并不是 React 中独有的概念，reduce 指的是将两个东西转变成一个东西的过程。在 React 里，reducer 函数有两个输入参数——state 和 action，它将这两个参数转变成新的 state。

在前面的例子里，state 和 action 分别是一个数字和字符串，实际上它们可以是任何值。很多时候，state 和 action 都被定义为对象，用于存储和表达实际应用场景中的复杂数据。所以，我们看到的 dispatch 经常是这样的。

```
dispatch({ type: "朝南航行", step: 0.009 });
```

action 包括了两部分信息：类型和参数（参数可以不止一个）。而 reducer 经常是这样写的：

```
function App() {
  const [latitude, dispatch] = useReducer(latitudeReducer, 49.149)

  ...

}


// reducer 是一个函数
```

```
function latitudeReducer(lat, action) {
  switch (action) {
    case '朝南航行':
      return lat - 0.009
    case '朝北航行':
      return lat + 0.009
    default:
      throw new Error()
  }
}
```

如果你曾用过 Redux（一个曾经超级流行的状态管理库），一定会觉得上述写法很熟悉。实际上，useReducer 可以看作 Redux 的一部分或简化版，因为实在太有用了，React 团队干脆将其核心思想抽出来做成 Hook，放到 React 核心库里。

4. useReducer vs. useState

综上所述，useReducer 可以看作 useState 的高级版。它的优缺点如下。

- 优点：将业务逻辑集中，更利于代码测试和维护；更便于处理复杂 state，尤其是当新 state 依赖于旧 state 时。

- 缺点：用法更复杂，reducer、dispatch 这些名词对大多数人来说都很陌生。

所以，当程序的 state 比较简单时，推荐继续使用 useState；而当 state 开始变得复杂时，比如新旧值之间有各种依赖关系，或者 state 的更新逻辑比较复杂时，就可以考虑 useReducer 了。

前面提到的还只是 useReducer 的一些基本用法，对于其高级用法及使用模式上的细节，请参考官方文档或其他文献。本书的目标是帮助建立基本的思维模型，为进一步学习打下坚实的基础。如果你再次看到 useReducer 时能想到它是 useState 的高级版，并且同样是将数据保存，以便下次渲染时取出，更新数据时触发新一轮的渲染，我的目的就达到了。

3.3.5 保存可变数据，更改时不触发渲染

最后一类 Hook 用来保存可变数据，当数据更改时，并不像 useState 或 useReducer 那样触发渲染。此类 Hook 目前只包括 useRef。

useRef 的返回结果就像一个空盒子，对于同一个组件实例，React 保证每次渲染后，useRef 函数都返回一个相同的盒子。useRef 工作起来就像 JavaScript 类（class）里的实例变量（instance variable）。

```
function Boat() {
 const ref = useRef()
 // 不管渲染多少次，对于同一个 Boat 实例，都是同一个盒子
  ...
 }


 function App() {
  return (
   <div>
    <Boat />        {/* 来一个空盒子 */}
    <Boat />        {/* 再来一个空盒子 */}
   </div>
  )
 }
```

这个 ref 其实就是一个简单的对象，包含了唯一的属性 current，对其存取数据都可以直接进行。

```
// 从盒子里取东西，用 ref.current
console.log(ref.current);


// 往盒子里放东西，直接对 ref.current 赋值，不触发组件渲染
ref.current = "东西";
```

 当更改 ref 的值时，直接对其 current 属性赋值，所以并不会触发渲染。

下面是一个 useRef 的完整例子，一个可以由用户单击停止的自动计数器（脑机提示：这个例子涉及另一个 Hook——useEffect，建议先浏览一遍，重点看注释部分，详细了解 useEffect 后再回过头来学习）。

121

```
function Counter() {
  const [count, setCount] = useState(0);
  const intervalRef = useRef();
  useEffect(() => {
    const interval = setInterval(() => setCount((c) => c + 1), 1000);
    // 将 interval 保存到 ref 以便于在组件的其他地方使用
    intervalRef.current = interval;
    return () => clearInterval(interval);
  }, []);
  const handleClick = () => {
    // 无论组件渲染多少次，intervalRef 都是同一个对象
    clearInterval(intervalRef.current);
  };
  return (
    <div>
      <div>{count}</div>
      <button onClick={handleClick}>停止</button>
    </div>
  );
}
```

更改 ref 值的操作应该放到 useEffect 或事件处理器中执行，不能在组件顶层渲染过程中。

```
function App() {
  const ref = useRef()
  ref.current = 'thing'            // ✘ 不能在组件顶层修改
  useEffect(() => {
    ref.current = 'thing'          // ✔ 在 useEffect 中修改
  })
  function handleClick() {
    ref.current = 'another thing'  // ✔ 在事件处理器中修改
  }
  ...
}
```

ref 还可以作为 prop 传到下游组件中，对其进行存取。

```
function Counter() {
  const intervalRef = useRef();
  ...
  return (
    <CounterStopper parentRef={intervalRef} />
  )
}


function CounterStopper({parentRef}) {
  ...
  const handleClick = () => clearInterval(parentRef.current)
  ...
}
```

另外，useRef 有一个很常见的应用：用来获取组件对应的 DOM 节点，并对其进行直接操作。

```
function App() {
  const ref = useRef();
  const handleClick = () => {
    // ref.current 的值是 input 对应的 DOM 节点引用
    ref.current.focus();
  };
  return (
    <div>
      {/* 把 ref 传到下游 input 中对其进行赋值 */}
      <input ref={ref} type="text" />
      <button onClick={handleClick}>聚焦</button>
    </div>
  );
}
```

3.4 尤日伊费克特大副

"来，小朋友，给你介绍一下我的得力助手，这位是尤日伊费克特。"

我睁眼一看，胡克船长不知什么时候站在我面前，身旁是刚才那个喊风向要变的黑脸大汉。

"他的拿手好戏是监测风向、洋流及船的航行情况。你若是船长，今后他就是你的大副了。"

我被绑得手脚发麻，一肚子怒火正想发作，不过转念一想，吊坠还在他手上，随即狠狠地瞪了他一眼，什么也没说。

"快给小朋友松绑。"胡克船长招呼黑脸大汉解开了我和艾伦的麻绳。

手脚重获自由的一刹那，我飞起一脚踢翻黑脸大汉，又一记勾拳把胡克船长打晕，从他衣袋里搜出吊坠，我的船副们和其他船员也纷纷制服了周围的海盗喽啰，围在一旁为我欢呼呐喊。

……

哦，对不起，那只是幻觉……唉，被太阳晒晕了分不清理想和现实。事实上，那个黑脸大汉身材壮硕，比我和艾伦足足高出一头，要是真动起手来，就算我们这两副码农小身板一起上，被踢翻的和打晕的是谁也很明显。所以，我能做的，充其量就是默不作声、再狠狠地多瞪他们几眼。

见我半天没有回应，胡克船长开始不耐烦："这个船长你不想当也得当，要不然就和那老东西一样下场！"他的铁钩指向大海。

我一扬手，努力做了一个轻松镇定的姿势："冷静……冷静！不过我何德何能啊，既不会掌舵，也不懂使帆，船长是当不来的。如果这位尤日……尤日兄不想当的话，我们原来的三个船副也比我强啊。"

"那三个没用的种啊，不管多简单的事情都要三个一起上，我早就把他们扔下海喂鲨鱼了。"黑脸大汉发话了。

我望向原本绑着三个船副的木桩，果然发现空空如也，不禁打了个寒战。

黑脸大汉从怀里摸出一个铁钩，在空中比画了一下，接着说："我这铁钩往海里一沉，就抵得过他们三人忙一天。腾出手我还可以做其他的事。"

我看了一眼他的铁钩，上有一行映着阳光发亮的烫金文字——useEffect。

3.4.1　useEffect 的用法

一个铁钩就能代替三个船副？我对这个名字拗口的家伙充满质疑，而接下来脑机给我呈现的代码让我开始相信他竟然不是信口开河。

记得我当时用观察者窗口看到，那三个船副分别对应了类组件的三个生命周期回调方法，可以用来在不同的时机执行代码，例如，当一个组件刚刚完成初始化并更新 DOM 后（该时刻被称为装载，mount），componentDidMount 就会执行，而当该组件完成每一次渲染时，componentDidUpdate 就会执行，依此类推。

```
class Boat extends Component {
  componentDidMount() {
  // 装载以后运行
  }
  componentDidUpdate(prevProps) {
  // 每次更新以后运行
  }
  componentWillUnmount() {
  // 将要卸载前运行
  }
  ...
}
```

那么，用 useEffect 这个 Hook 如何能够替代三个方法呢？原来，useEffect 的用法是这样的。

```
function Boat() {
  useEffect(() => {
  // 在组件渲染并且更新 DOM 以后，React 将运行此处代码
  }, [])
  ...
}
```

这里，useEffect 有两个参数，第一个参数是一个函数，第二个参数是一个数组，这个数组被称为"依赖数组"（dependencies），用来描述前述函数的运行时机，见如下代码和注释。

```
function Boat(props) {
  useEffect(() => {
  // 1. 数组参数为空。只在组件第一次渲染后运行此处代码，相当于 componentDidMount
  }, [])

  useEffect(() => {
  // 2. 数组参数不为空。当 props.windDirection 或者 props.windSpeed 的值更新时运行
  }, [props.windDirection, props.windSpeed])
```

```
useEffect(() => {
  // 3. 省略数组参数。将在组件每次渲染后运行此处代码
  })


  ...
}
```

最后，useEffect 第一个参数还可以返回一个函数。

```
function Boat(props) {
  useEffect(() => {
    const listener = ...
    window.addEventListener('keydown', listener)
    ...
  return () => {
      // 4. React 自动调用此函数，用以清除前述函数主体留下的痕迹
      // 例如事件侦听器、数据订阅等，在此的作用类似于 componentWillUnmount
          window.removeListener('keydown', listener)
      }
    }, [])
    ...
    }
```

上述四种 useEffect 的用法就囊括了类组件中三个生命周期回调方法的功能。

3.4.2　Hook 的优越性

那么，用一个函数代替三个方法究竟有什么意义呢？把原本放在三个方法里的代码聚到一起难道不是新瓶装旧酒？千言万语还不如上一张图，如图 3-1 所示。

从图 3-1 可以看到，图中每种颜色对应一个特定的"功能关注点"。第一，函数组件代码长度差不多是类组件的一半。第二，也是最重要的，在函数组件代码里，每一个"功能关注点"对应的代码基本上集中在一处，而不像在类组件里，某个关注点的代码分散得七零八落。显然，函数组件的代码将比类组件维护起来容易得多。

类组件 函数组件 + Hook

图 3-1

看来，尤日伊费克特虽然名字拗口，却行事干练，让组件代码好看了许多！

3.5　大副的真正职责

我正回想着脑机刚刚呈现的代码、盯着大副铁钩上的金字发愣，忽然闻到一股浓烈的臭味。我和艾伦忙捏着鼻子凑到船舷边，这才发现帆船四周原本湛蓝的海水变得黑乎乎、油亮油亮的。我皱起了眉头，这难道是原油泄漏？

谁知尤日伊费克特大副见状大喜，接过手下递过来的一个巨大的黑色簸箕，一端固定在铁钩上，抡圆了扔到海里。

"同步！与风向同步！与洋流同步！"大副一边大喊，一边右手举过头顶，牵动手中的细线，带动铁钩和簸箕以帆船为圆心在黑色的海面上来回掠过，另有几名海盗忙着调整风帆以控制帆船的航向和位置。

过了大约半个小时，大副用簸箕将周围黑色的区域都覆盖了一遍，海面竟然恢复了湛蓝，重新变得清洁如镜。

真没想到这帮海盗做环保来还有一手！这让我对他们的印象有了一些改观。

"真有你的，尤日伊……伊……"我拍拍大副的肩膀，却一时记不清他拗口的名字。

"尤日伊费克特！懂不懂英文？我这名字是有出处的。伊费克特跟 effect 同音，是 side effect 的简称，副作用的意思。"

"什么副作用，你吃药了？"我说完才意识到这个问题颇具讽刺意味。

他毫不在意，继续说道："船的作用是什么？航行到目的地，对吧？然而，在航行的过程中，我们也会执行其他的任务，比如清洁海洋、给鲨鱼投食、救助被缠住的海龟等，这些我们都称之为副作用。"

"那三个孬种做的事，监测风向啊什么的，我只是顺便为之。我的真正职责，是总管这些副作用的计划与实施。你听懂了吗？副——作用，我尤大副的大作用！"尤大副眼中流露出无限的自豪。

3.5.1　副作用（side effect）

让海盗们来做环保，又把清洁海洋、喂鲨鱼、救海龟这些事情称作"副作用"确实有点扯。不过别忘了，这里是 React 星，脑机根据我个人的记忆和潜意识为我呈现熟悉的景象，谁叫我是环保主义者呢！

那艘船是一个函数组件，它可能包含有很多行代码，但其主要任务是根据 prop 和 state 的取值返回 React 元素，用以描述浏览器中的预期结果。这些代码的作用范围仅限于函数之内，它们除了输入数据（prop、state 等）以外什么也不知道，它们也不会对本函数之外有任何影响，如图 3-2 所示。

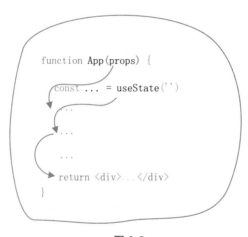

```
function App(props) {
  const ... = useState('')
    ...
    ...
    ...
  return <div>...</div>
}
```

图 3-2

但有时候，我们需要让函数完成一些额外的任务，与函数的周边环境发生交互，比如访问网络、将用户偏好保存到磁盘、播放声音效果等。这些代码或许会访问全局变量，或许会更改系统状态，总之，它们的作用范围超出了当前函数，如图 3-3 所示。

我们把这类代码称为该组件的副作用。提到副作用，可能你会想到药物除了治疗效果，对人体产生的不良影响，比如头疼拉肚子起疹子之类。这个比喻用在软件开发领域既恰当也不准确。药物的副作用并不是药物的目的，当然是越少越好。而程序里的副作用却是我们有意而为之，是程序的功能之一。

副作用代码依赖于函数的外部环境，所以它们的执行效果更加难以预测。因此，相对而言，副作用代码更难调试。一个解决方案是将副作用封装管理。这就是为什么尤大副的真正职责是总管副作用的计划与实施，在 React 里我们需要用 useEffect 这个 Hook 函数把副作用代码包裹起来。

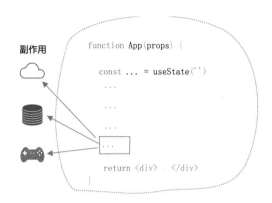

图 3-3

例如，为当前窗口添加事件处理器是一个副作用，因为 window 是一个全局变量，对此变量进行的修改操作超出了本组件的作用范围，所以我们需要将它用 useEffect 包裹起来。

```
function Boat(props) {
  useEffect(() => {
    const listener = ...
    window.addEventListener('keydown', listener)
    ...
  return () => {
      window.removeListener('keydown', listener)
    }
  }, [])
  ...
}
```

如下列出了一些常见的副作用的例子，我们都需要用 useEffect 将这些代码包裹起来。

1. 事件处理器

```
window.addEventListener("keydown", listener);
```

2. 下载获取数据

```
fetch('/navigationMap').then(...)
```

3. 修改全局变量

```
document.title = "摩组港";
```

4. 设置定时器（timeout 或者 interval）

```
setTimeout(() => {...}, 1000)
```

5. 修改浏览器 URL

```
history.push("/planetReact");
```

3.5.2　为何要用 useEffect 管理副作用

那么，到底为什么需要把副作用代码包裹到 useEffect 中呢？直接在函数组件里运行副作用代码会带来什么问题？简而言之，使用 useEffect 让副作用代码的运行时机更加可控，而不会受到组件重新渲染的影响（别忘了，风向经常急变！）。另外，在 useEffect 中的代码要等到 DOM 更新完成以后才运行，这也保证了副作用代码的正确性，而不至于受 DOM 更新中间结果的影响。

我们来看如下代码。

```
function App() {
  const [count, setCount] = useState(0);

  useEffect(() => {
    document.title = '点了 ${count} 次';
  });

  return (
    <div>
      <p>点了 {count} 次</p>
      <button onClick={() => setCount(count + 1)}>点我! </button>
    </div>
  );
}
```

这个组件用 useEffect 设置浏览器标题，每次渲染后都会将其更改一次。

为什么一定要把 document.title 放到 useEffect 里？把它拿出来像下面这样可以吗？

```
function App() {
  const [count, setCount] = useState(0)
  document.title = '点了 ${count} 次'
  ...
```

这样的代码似乎没有任何违和感，甚至看起来更简练。运行一下，你会发现效果也没有什么不同，用户每次按按钮时，文档的标题照样正常更新。

既然这样，何必费神再搞一个什么 useEffect？我们来加两句调试语句。

```
function App() {
  const [count, setCount] = useState(0)
  console.log('顶层', document.getElementById('root').cloneNode(true))
  // 调试语句
    document.title = '点了 ${count} 次'
    useEffect(() => {
      console.log('useEffect 里', document.getElementById('root').
cloneNode(true))
// 调试语句
    })
    ...
```

执行以后，控制台的结果如图 3-4 所示。

我们可以看到，在顶层执行时，DOM 里还只有一个空白的 div，而等到 useEffect 里的回调函数执行时，DOM 里才出现了这个组件渲染的内容。这也就是说，useEffect 会保证执行回调函数时 DOM 内容已经更新完毕。在目前这个例子里，我们仅仅是设置了一下页面标题，所以 DOM 内容是否准备就绪无关紧要：但在其他应用场景里就不一样了，假设需要根据 state 的内容将用户输入焦点移到某个输入框上，如果这时 DOM 内容还没有准备好，代码就无法正确执行了。

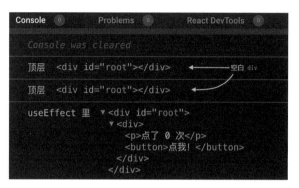

图 3-4

3.5.3　副作用同步

到目前为止，useEffect 的作用似乎就是安排一段代码在某个时刻运行，这跟类组件里的生命周期方法的思维模型很类似，例如：

- 在组件加载（mount）时，运行一段副作用代码。

- 在组件卸载（unmount）时，运行另一段代码，清除副作用的痕迹。

因此，很多人把 useEffect 看作类组件里几个生命周期方法（componentDidMount、componentDidUpdate 和 componentWillUnmount）的综合。事实上，如果仅仅是为了定义代码的运行时机，在生命周期方法中分别写代码其实更自然些，何必非要把所有的东西都揉在一起！

不过，React 开发团队的 Dan Abramov 建议大家忘掉生命周期这个思维模式，而将 useEffect 看作一个同步过程（synchronization）的定义（见《useEffect 完整指南》）。还记得尤大副清理海面上的油污时喊的口号吗？"同步！与风向同步！与洋流同步！"

到底是谁跟谁同步？"React 在渲染一个组件后，有时会重新运行 useEffect 里的代码，有时会跳过，这取决于调用 useEffect 时依赖数组参数的内容"……这不是很直观实用吗？为什么偏要加上一个什么同步？实话说，我也花了很长时间才接受这个想法。

首先，副作用在 useEffect 里是用命令式书写的。我觉得这是导致思维模式切换困难的主要原因。比如，在下面这段代码里，我们更多关注的是副作用的运行步骤：第一步，设置标题；第二步，调用 API 获取数据。所以很自然地，我们将依赖数组看作用来告诉 React 何时去运行副作用。

```
function App() {
  let [query, setQuery] = useState(query)
  useEffect(() => {
    document.title = '查询条件: ${query}'
    fetch('http://some-api.com/search=${query}').then(doSomething)
  }, [query])
  return <input value={query}>
}
```

现在，不妨想象一下，假如我们可以用声明式的形式定义副作用。

```
function App({ title }) {
  let [query, setQuery] = useState(query);
  // 幻想中的声明式副作用 API
  return {
    effects: {
      "document.title": '查询条件: ${query}',
      fetchData: 'https://someapi.com/search=${query}',
    },
    dom: <input value={query} />,
  };
}
```

<input value={query}> 就像一个模板，React 将 DOM 树与该模板以及 query 变量的取值保持同步，这一点毋庸置疑吧？那么，是不是也可以类似地看待副作用？ useEffect 让 React 把组件的副作用与其定义模板和变量取值保持同步（见图 3-5），这样是不是没有任何违和感？

当然，你也许会觉得，虽然副作用的同步从道理上讲得通，但从以前的视角来看待 useEffect 要实用和舒服得多。

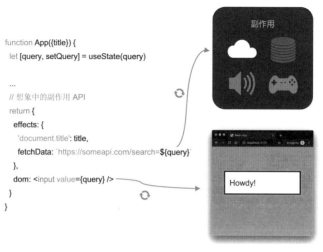

```
function App({title}) {
  let [query, setQuery] = useState(query)

  ...
  // 想象中的副作用 API
  return {
    effects: {
      'document.title': title,
      fetchData: `https://someapi.com/search=${query}`
    },
    dom: <input value={query} />
  }
}
```

图 3-5

- 依赖数组不为空：在数组内容变化时重新运行副作用；

- 依赖数组为空：只运行一次副作用；

- 未定义依赖数组：每次渲染都运行副作用。

不过你看到了吗？其实这不就是实现同步的一种方法吗？当组件内的重要内容发生变化时，就重新运行副作用，以保持两者同步（组件中重要内容和副作用）；而当数组为空时，表示组件内相关内容不随重新渲染而变化，则只需要运行一次副作用，两者就已经同步了。

这样，两种思维方法就统一起来了，写代码时完全可以酌情任选其一。

3.5.4 依赖数组详解

当渲染一个组件时，React 会玩一个"找不同"游戏：将组件函数的返回值与上一次渲染时相比较，只在 DOM 上更改不同的部分。比如，在下面的例子里，React 就只会更改 DOM 里 input 元素的 value 属性，而不会去碰 placeholder 属性。

```
// 第一次渲染时的返回值
<input value="Hi" placeholder="问候" />
```

```
// 第二次渲染时的返回值
<input value="Hey" placeholder="问候" />
```

对于副作用，React 也需要做同样的事情。但不幸的是，副作用无法像我们刚刚幻想的一样用简单而易于比较的对象来描述。我们只能将其写成命令式的代码，并放到一个回调函数里。

```
// 第一次渲染
() => {
  document.title = '查询条件：黑暗森林'
  fetch('http://some-api.com/search=黑暗森林').then(doSomething)
};

// 第二次渲染
() => {
  document.title = '查询条件：挪威森林'
  fetch('http://some-api.com/search=挪威森林').then(doSomething)
};
```

两个函数是无法直接进行比较的，所以我们得想办法帮助 React。如果我们能手动从函数里提取一些特征出来，并组织成一种易于比较的格式，那么对于副作用，React 不就可以照猫画虎了吗（或者是照"DOM"画"副"）？

这些特征必须能代表函数内的代码内容，也就是说，如果两个函数的特征值不同，就代表函数执行效果不同，相反，如果特征值相同，我们就可以认为两个函数具有相同的效果。

怎么选取特征呢？在传给 useEffect 的回调函数里，如果用到了任何 prop、state 及衍生的变量，我们都应该将其作为该函数的特征。再把这些特征放到一个数组里，React 就可以轻松地比较了！

```
// 第一次渲染
['黑暗森林'];

// 第二次渲染
```

```
['挪威森林'];
```

这个数组不就是我们前面用到的依赖数组么？

```
useEffect(() => {
  document.title = '查询条件：${query}';
  fetch('http://some-api.com/search=${query}').then(doSomething);
}, [query]);
```

这个依赖数组就好像一本书的目录（见图 3-6）。相比一整本书来说，要读完目录很轻松。我们可以快速扫描书的目录来决定要不要花时间来读整本书。

实际上，只要回调函数用到了某个在组件顶层定义的变量或函数，我们都应该将其放到依赖数组里，比如如下代码里的 query 和 doSomething。而对于全局变量如 document，我们可以不必担心。

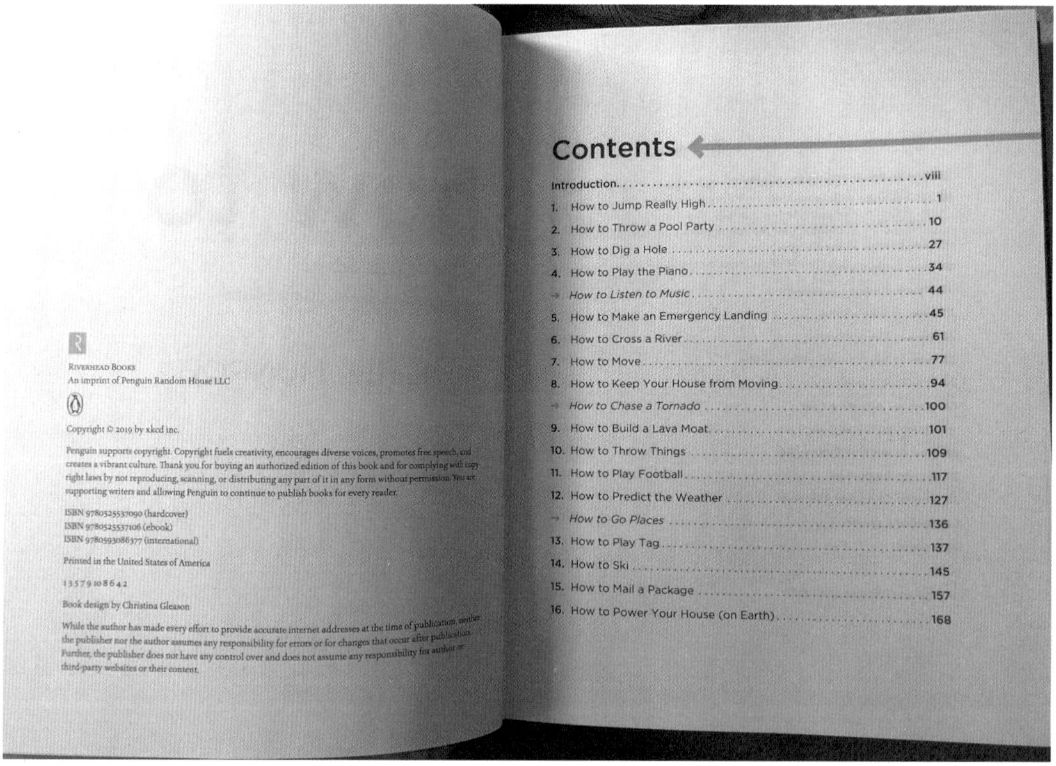

图 3-6

```
function App() {
  let [query, setQuery] = useState(query)
  function doSomething() {
    ...
  }
  useEffect(() => {
    document.title = '查询条件：${query}'
    fetch('http://some-api.com/search=${query}').then(doSomething)
  }, [query, doSomething])
  return <input value={query}>
}
```

为什么依赖数组里只放组件里定义的变量呢？因为每次运行组件函数时，其内部定义的变量都会获得新的取值（时间循环！），这也造成了 useEffect 内回调函数的执行效果不同。所以我们应该将这些变量提取为函数的特征用来作为比较的依据。

3.5.5　组件思维模型

现在，我们对组件的思维模型应该更加清晰完整了：组件的作用是描述我们想要的最终结果，其中既包括了 DOM 树，也包括了副作用。

当我们把描述信息（JSX 以及依赖数组等）准备妥当后，就可以高枕无忧了，因为无论组件的 prop 和 state 怎么变，React 都会自动将其与 DOM 树和副作用始终保持同步，如图 3-7 所示。

在写代码时，我们可以不用再去关注副作用运行了几次或者在何时运行，应该在依赖数组上多花力气，确定其是否准确、是否包含了函数的所有特征、书的目录是否包含书的思想精髓。

这样的思考方式可以帮助我们解决书写副作用代码时遇到的一些棘手问题。下面这段代码来自 Dan 的文章，程序的预期结果是显示一个每秒加 1 的计数器。

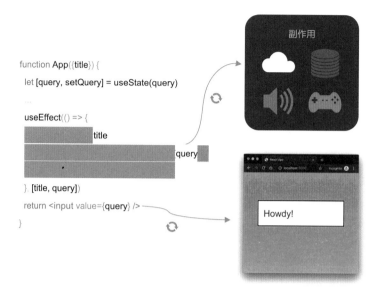

图 3-7

```
function Counter() {
  const [count, setCount] = useState(0);


  useEffect(() => {
    const id = setInterval(() => {
      setCount(count + 1);
    }, 1000);
    return () => clearInterval(id);
  }, []);


  return <h1>{count}</h1>;
}
```

如果我们关注副作用的运行次数，会自然而然地想到 interval 应该只设置一次，所以其依赖数组应该是一个空数组。这段代码似乎是正确的，但只要运行一下，就会发现计数器一直停留在 0。

相较而言，如果我们关注依赖数组，把它看作副作用这本书的目录，就会发现其中有些问题：它并没有包括这段副作用代码所有的特征。count 变量是定义在 Counter 组件函数顶层的变量，我们应该把它放入依赖数组里才对！

```
function Counter() {
  const [count, setCount] = useState(0);

  useEffect(() => {
    const id = setInterval(() => {
      setCount(count + 1);
    }, 1000);
    return () => clearInterval(id);
  }, [count]); // <=== 将 count 放入依赖数组里

  return <h1>{count}</h1>;
}
```

当然，这只是解决问题的方法之一，Dan 在《useEffect 完整指南》里详细介绍了几种更加优化的方案，在此不再赘述。

3.5.6　事件处理器中的副作用

假设我们要做的界面里包含一个刷新数据按钮，用户按下以后连接某个服务器 API 并下载最新的数据。

```
function App() {
  ...
  return (
    <button onClick={() => {
      // TODO 在此下载数据
    }}>
      刷新数据
    </button>
```

```
    ...
  );
}
```

这段数据下载代码是不是副作用？答案是肯定的，因为需要调用全局函数 fetch，那么是不是需要放到 useEffect 里呢？像下面这样：

```
<button
  onClick={() => {
    // 需要把数据下载代码放到 useEffect 里吗？
    useEffect(() => {
      fetch("https://101-ways-to-feed-the-shark.com/api/query").then(
        doSomething
      );
    });
  }}
>
  刷新数据
</button>
```

正确答案是：在事件处理器内直接运行副作用代码，如下：

```
<button
  onClick={() => {
    // ✓ 直接下载数据即可，而不使用 useEffect
    fetch("https://101-ways-to-feed-the-shark.com/api/query").
then(doSomething);
  }}
>
  刷新数据
</button>
```

在事件处理器里直接运行副作用代码是没有问题的。其一，当事件处理器代码运行时，DOM 已经准备好了，这点和 useEffect 的时机是一致的。其二，因为副作用是放在事件处理器函数里的，并不会立即执行，而只是用来安排设置副作用的未来执行，这一点也和 useEffect 一致。

3.5.7　其他同步

除了在 useEffect 里，回调函数和依赖数组在其他的 Hook 里也大有用武之地。

```
useXXX(() => {
  doSomething(a, b);
}, [a, b]);
```

比如，useMemo 返回一个记忆化的值（memoized value）：

```
const memoizedValue = useMemo(() => {
  doExpensiveComputation(a, b);
}, [a, b]);
```

这和 useEffect 有同样的模式：Hook 有两个参数，第一个是回调函数，第二个是决定回调函数何时运行的依赖数组。

我们也可以用同步的视角理解：数值保存在组件以外的一个地方，React 将其与组件的状态保持同步。依赖数组是这个数值的特征，便于快速查看和比较，就像一本书的目录：

- 如果依赖数组为空，则表示记忆化的数值和组件的状态无关，所以只需要创建一次，即可认为其始终保持同步。

- 反之，如果依赖数组不为空，则表示这个数值取决于组件的某些状态，当其改变时，重新计算数值，以保持两者同步。

3.6　戒律清规

真搞不懂这胡克船长有啥阴谋，三番五次地跟我啰唆，一会威胁说要扔我下海，一会又利诱说当了船长想去哪就去哪。也罢，干脆就糊弄着答应他吧，拿铁钩做个样子，也总好过当鲨鱼的晚餐。说不定能找到机会，真的把胡克一闷棍打晕，夺回吊坠，再神不知鬼不觉把船开到灵缘岛……

"喂，小子，发什么愣呢？你到底是要当船长还是去喂鲨鱼？"胡克船长的催促声打断了我的完美计划。

"好吧好吧，既然胡克大人这么看重我，我就试试看。不过我真是不懂怎么当船长，我连钓鱼都不会，更别说把那么重的铁钩扔向海里再提起来了。"

"没关系，这些铁钩还是让他们来操作，你只需要负责一件事。"说着，他递给我一个卷轴。

我展开一看，卷轴上毫不意外地画着个骷髅，还写着几行大字：

胡克戒律：
一、严禁铁钩离船
二、严禁条件扔钩
（欲跟胡克混，戒律用心遵）

"找个高处挂起来，你来监督所有人都遵守这两大戒律。"胡克吩咐道。

我努力理解着这戒律的含义："哦，好。这第一条戒律好理解，铁钩只能在船上用，不能拿到其他地方去。第二条我就看不懂了，什么叫严禁条件扔钩？扔铁钩还需要讲条件？"

"就是说扔钩无条件！"

"……"

胡克船长见我满脸不解，只好继续解释道："想必你知道船里的时间循环吧，每次风向或者洋流改变时，一定要扔出铁钩，否则我们的船将寸步难行。"

"哦，对，经历过两次，铁钩收回来以后就可以继续前面的工作，而不用从头开始。"我想起了那个雕刻骷髅的艺术家。

"这铁钩怎么扔法，是大有讲究的。简单说来，每次出现时间循环时，扔出铁钩的种类和顺序必须完全一致。记住，种类和顺序都要完全一致！"

我微觉奇怪："如果顺序搞错了呢？"

"废话！当然不能搞错！搞错了就喂鲨鱼！"胡克船长破口大骂。

我心想，你能来点有创意的吗？

胡克船长接着说："你不能第一次扔出一个铁钩，下次时间循环时上厕所开小差忘了扔铁钩，这是严重违反纪律的。要扔就一直扔，每次都扔，不能一会儿扔一会儿又不扔。懂了吗？这就是扔钩无条件！"

我还是无法把铁钩和什么条件不条件的联系在一起，不过，这件事听起来倒也不难，至少好过抢铁钩钓箱子搞环保。于是我欣然答道："嗯！也就是说我的职责是记住铁钩的顺序，调度和指挥大家在正确的时刻使用铁钩。对吧？"

胡克船长微微点头。

"对了，那天你收走了我的一个小东西，可以还给我吗？"我装作不经意地提起。

胡克船长置若罔闻，转头对众海盗大喊："从今往后，你们就听从林顿船长的号令！"

奇怪，他怎么知道我的名字？！到 React 星以来，我从来没有跟人提起过我的真名啊。我望向艾伦，他摇摇头，一脸错愕。

◎　React 思维模型：Hook 第一规则——Hook 只能在函数组件中使用。

◎　React 思维模型：Hook 第二规则——不能有条件地调用 Hook。每次渲染时，调用的 Hook 的种类和顺序必须完全一致。

3.6.1　Hook 使用规则

对于胡克船长是怎么知道我的真名的，脑机不给我任何回应，不过它倒是给我诠释了这两条戒律的意义。鉴于这戒律事关我这个蹩脚船长的生死，这次我学得比以往都认真，万一那鲨鱼是真的呢！

原来，这两条规则在代码里还真有其事，这是关于 Hook 的使用限制。也就是说，Hook 虽然看起来像普通的函数，但我们并不能随时随地、随心所欲地调用，而必须遵守如下两条规则：

- 只能在函数组件中调用 Hook。

- 不能有条件地调用 Hook。每次渲染时，调用的 Hook 的种类和顺序必须完全一致。

下面展开介绍。

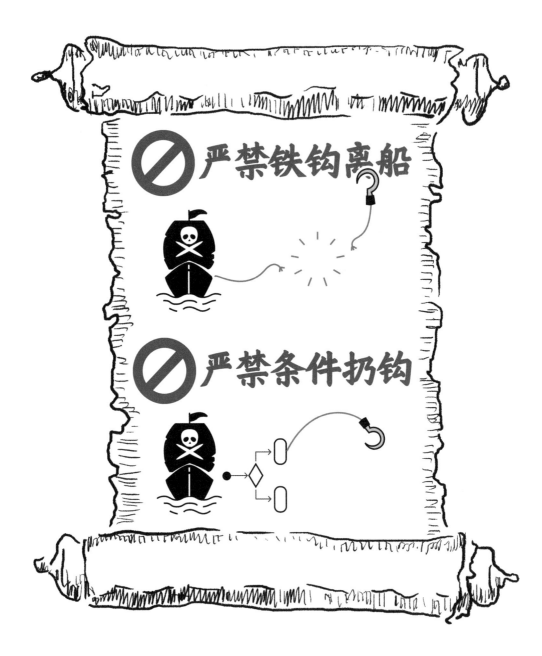

1. Hook 第一规则：Hook 只能在函数组件中使用

只能在函数组件中使用 Hook，在类组件里不行，在其他任何地方调用都不行，系统都会报错（还好，不是喂鲨鱼）。

```
import React from 'react'

// ✗ 系统报错!
const [location, setLocation] = useState('灵缘岛');

class ClassicBoat extends React.Component {
  render() {
    // ✗ 系统报错!
    const [location, setLocation] = useState('灵缘岛');
    ...
  }
}

function Boat() {
  // ✓
  const [location, setLocation] = useState('灵缘岛');
  ...
}
```

2. Hook 第二规则：不能有条件地调用 Hook。当每次渲染时，调用的 Hook 的种类和顺序必须完全一致。

相比第一条规则，这第二条规则也许更奇葩一些。这条规则还有另外一种说法：只能在函数组件顶层无条件调用 Hook（扔钩无条件）。如果放到条件语句、循环语句或嵌套函数里，都会出现问题。

这条规则的核心是，在同一个组件中，每次渲染该组件时，对 Hook 的使用必须满足：使用相同的 Hook；对所有 Hook 的调用顺序相同。

例如，不能在第一次渲染时用了 useState，而在第二次渲染时又跳过它。如果在条件语句、循环语句或嵌套函数中调用 Hook，就有可能在程序动态执行时违反了上述两个条件之一。

如下的代码都会收到相应的警告：

```
function App(props) {
  if (props.question === '宇宙人生万物') {
    // ✖ 后果自负!
    const [answer, setAnswer] = useState(42);
  }
  ...
}


function App(props) {
  for (let i=0; i<props.questions.length; i++) {
    // ✖ 后果自负!
    const [answer, setAnswer] = useState(42);
  }
  ...
}


function App(props) {
  if (props.error) return <div>Error!</div>
  // ✖ 这是一个很隐蔽的条件化调用 Hook 的例子，想想看这是为什么？
  useEffect(() => {
    ...
  })
  ...
}
```

所以，唯有在顶层调用 Hook 才是可行之道：

```
function Boat(props) {
```

```
  // ✅
  const [location, setLocation] = useState('灵缘岛');

  ...

  // ✅ 调用地点不一定是组件函数开头，只要是顶层就可以
  const [drink, setDrink] = useState('🍸');

  ...

}
```

3.6.2　山寨 useState

前面提到的限制条件听起来确实有点古怪。既然是函数，为什么不能随便调用？为什么每次渲染都必须使用相同的 Hook，并且调用顺序都得相同呢？如果偏要违规调用，会有什么后果？

为了理解这一点，我们来试试从头实现 useState 这个 Hook，相信完成以后，你会跟我当时一样，有豁然开朗的感觉。

下面开始实现 useShanzhaiState：

```
function useShanzhaiState(initialValue) {
  // TODO：从头实现 Hook
}


function Boat(props) {
  const [latitude, setLatitude] = useShanzhaiState(49.149);
  return (
    <div className="App">
      <button onClick={() => setLatitude(latitude - 0.009)}>往南航行</button>
    </div>
  );
}
```

首先，我们得认识到 useShanzhaiState 毕竟是一个函数，根据在 App 里的调用情况，这个函数应该返回一个包含两个元素的数组。

```
function useShanzhaiState(initialValue) {

  return [state, setter];

}
```

数组里的第二个元素是一个函数，用于完成两件事：第一，设置新的状态值；第二，刷新浏览器。

```
function useShanzhaiState(initialValue) {

  const setter = (newValue) => {

    state = newValue;

    refresh();

  };

  return [state, setter];

}
```

为了简单起见，我们用整体渲染 App 组件的办法刷新浏览器：

```
import ReactDom from "react-dom";

function refresh() {

  ReactDom.render(<App />, document.getElementById("root"));

}
```

下一步，我们应该在哪儿定义 state 变量呢？因为 useShanzhaiState 会在 React 的渲染过程中被多次调用，为了保存 state，我们必须将其声明到 useShanzhaiState 之外，也就是定义为一个全局变量：

```
let state;

function useShanzhaiState(initialValue) {

  if (state === undefined) state = initialValue;

  const setter = (newValue) => {

    state = newValue;

    refresh();

  };

  return [state, setter];

}
```

这样，当 React 第一次渲染 App 组件时，useShanzhaiState 首次执行并初始化 state。接下来，当用户点击按钮时，setter 执行并重新渲染 App 组件。作为渲染过程之一，App 函数重新执行，于是 useShanzhaiState 将再次执行，并返回当前的 state 值。

目前为止的完整代码如下：

```
import * as React from "react";
import ReactDom from "react-dom";
function refresh() {
  ReactDom.render(<App />, document.getElementById("root"));
}


let state;
function useShanzhaiState(initialValue) {
  if (state === undefined) state = initialValue;
  const setter = (newValue) => {
    state = newValue;
    refresh();
  };
  return [state, setter];
}


function Boat(props) {
  const [latitude, setLatitude] = useShanzhaiState(49.149);
  return (
    <div className="App">
      <div>经度：-125.945，维度：{latitude}</div>
      <button onClick={() => setLatitude(latitude - 0.009)}>往南航行</button>
    </div>
  );
}
```

以上程序的上半部分替代了 React 的一部分，当我们在 App 里调用 useShanzhaiState 时，将其与 React 相联通并拿回了一些东西（state）。这让我想起了胡克船长或是尤日史德特从海里钓上来的箱子。

3.6.3 保存多个状态

前面的 useShanzhaiState 看起来已经完工了，对吧？不过，仔细研究一下，比如再加一个按钮和另一个 state，我们就会有大麻烦：

```
function Boat(props) {
  const [latitude, setLatitude] = useShanzhaiState(49.149);
  const [longitude, setLongitude] = useShanzhaiState(-125.945);
  return (
    <div className="App">
      <div>
        经度：{longitude}，维度：{latitude}
      </div>
      <button onClick={() => setLatitude(latitude - 0.009)}>往南航行</button>
      <button onClick={() => setLongitude(longitude + 0.009)}>往东航行</button>
    </div>
  );
}
```

运行一下我们就会发现，不管是点往南航行还是点往东航行的按钮，船的经度和维度都是同一个数值，并且会同时改变。仔细想想其实也并不奇怪，前面的代码使用一个单一的值保存 state，所以当然不能保存多个状态。

我们得想办法把多个状态分别保存。用什么办法呢？当然是数组（array）了。既然是数组，就还需要一个索引（index）来标志当前记录的位置：

```
let states = [];
let index = 0;
```

这样，只要每次调用 useShanzhaiState 时，我们固定地访问数组里对应的元素，就可以实现独立管理多个 state，如图 3-8 所示。

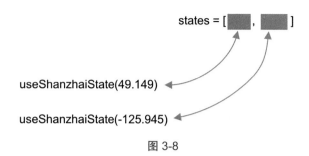

图 3-8

为了实现这一点，我们只需要每次访问 useShanzhaiState 以后把 index 加 1，并且在刷新组件时将 index 重置为零：

```
function refresh() {
  ...
  index = 0
}



function useShanzhaiState(initialValue) {
  ...
  index++
  ...
}
```

最后，在 useShanzhaiState 里，用 index 读取或更改数组中相应的 state：

```
function useShanzhaiState(initialValue) {
  let myIndex = index++;
  if (states[myIndex] === undefined) {
    states[myIndex] = {
      state: initialValue;
      setter: (newValue) => {
        states[myIndex].state = newValue;
        refresh();
      };
    }
```

```
  }
  return [states[myIndex].state, states[myIndex].setter];
}
```

好了，现在我们的山寨 useState 已经可以正常工作了，用法基本和 React 提供的一样，同样支持多个状态。当然，真正的 React 代码需要考虑的问题多得多，也复杂得多，但基本思路是一致的：

用数组保存多个状态，用 index 确定当前记录位置。每次调用 useState 后 index 加 1，刷新后 index 置零。

如下是山寨 useState 的完整代码：

```
import * as React from "react";
import ReactDom from "react-dom";

function refresh() {
  ReactDom.render(<App />, document.getElementById("root"));
  index = 0;
}


let states = [];
let index = 0;
function useShanzhaiState(initialValue) {
  let myIndex = index++;
  if (states[myIndex] === undefined) {
    states[myIndex] = {
      state: initialValue;
      setter: (newValue) => {
        states[myIndex].state = newValue;
        refresh();
      };
    }
```

```
  }
  return [states[myIndex].state, states[myIndex].setter];
}


function Boat(props) {
  const [latitude, setLatitude] = useShanzhaiState(49.149);
  const [longitude, setLongitude] = useShanzhaiState(-125.945);
  return (
    <div className="App">
      <div>
        经度：{longitude}，维度：{latitude}
      </div>
      <button onClick={() => setLatitude(latitude - 0.009)}>往南航行</button>
      <button onClick={() => setLongitude(longitude + 0.009)}>往东航行</button>
    </div>
  );
}
```

3.6.4　任性违规

回过头来再看看 Hook 第二规则：必须保证，每次渲染时对 Hook 的调用顺序完全相同，或者说不能在条件语句或者回调函数中调用 Hook，只能放到组件（或另一个 Hook）的顶层无条件地调用。

为什么有这条规则？你能否从刚才的山寨 useState 中猜出端倪？

就是因为那个数组：**用数组来保存多个状态，用 index 确定当前记录位置。每次调用 useState 后 index 加 1，刷新后 index 置零。**

在渲染一个组件时，如果调用 Hook 的次数或顺序不一致，今天两次、明天三次，数组的 index 就会乱套，导致从数组中取出的状态信息驴唇不对马嘴。

我们索性违规一次，来看看会发生什么。设想我们正在开发一个简单的菜单选择界面，供鲨鱼用户使用（！），用户可以选择搜索方法（按投食者或食物名称搜索），程序继而显示不同的搜索界面，如图 3-9 所示。

图 3-9

代码如下：

```
function SharkClub() {
  // 投食者或食物名称
  const [searchMethod, setSearchMethod] = useState("投食者");
    let searchOps;
  if (searchMethod === "投食者") {
    // 在条件语句里调用 useState，够任性吧？
    const [feeder, setFeeder] = useState("林顿");
    searchOps = (
      <label>
        投食者：
        <select value={feeder} onChange={(e) => setFeeder(e.target.value)}>
          <option value="胡克">胡克</option>
          <option value="尤日伊费克特">尤日伊费克特</option>
          <option value="林顿">林顿</option>
        </select>
      </label>
    );
  } else {
```

```
    const [foodName, setFoodName] = useState("金枪鱼");
    searchOps = (
      <label>
        食物种类:
        <input value={foodName} onChange={(e) => setFoodName(e.target.value)} />
      </label>
    );
  }


  return (
    <div className="App">
      <div>
        <label>
          选择搜索方法:
          <select
            value={searchMethod}
            onChange={(e) => setSearchMethod(e.target.value)}
          >
            <option value="投食者">投食者</option>
            <option value="食物名称">食物名称</option>
          </select>
        </label>
      </div>
      <div>{searchOps}</div>
      <button>下一步</button>
    </div>
  );
}
```

　　程序开始运行时似乎一切正常，然而当用户将搜索方法更改为"食物名称"后，恐怖的一幕出现了："林顿"被作为食物种类的默认值出现在文本框里，如图 3-10 所示。

图 3-10

这是怎么回事？我们来模拟一下多次渲染后状态数组的变化情况。

第一次渲染（程序初始状态）
状态数组内容：

  0 =====> ['投食者', setSearchMethod]

  1 =====> ['林顿', setFeeder] <== 因为 searchMethod 的默认值是"投食者"，所以
运行 const [feeder, setFeeder] = useState("林顿");

用户选择"食物名称"
状态数组内容变为：

  0 =====> ['食物名称', setSearchMethod]

  1 =====> ['林顿', setFeeder]

第二次渲染，因为 searchMethod 等于"食物名称"，运行 const [foodName, setFoodName]=
useState("金枪鱼")
状态数组内容：

  0 =====> 同上

> 1 =====> ['林顿', setFeeder]   <=== 此时，因为状态数组位置 1 已经有内容了，所以默认值"金枪鱼"被忽略，而使用现有的内容，因此，foodName = '林顿' ⑬

在两次渲染中，运行的 Hook 各不相同，所以，数组中的同一个元素被意外地用来存储不同的状态项，因此各状态之间相互干扰。这还只是调用了两个同类型的 Hook，你可以想象，如果每次渲染时调用的 Hook 完全不同，而且顺序都被打乱了，那么程序结果将是多么的混乱不堪。

事实上，React 早早地在代码里标注出了如下错误信息：

```
Error: React Hook "useState" is called conditionally. React Hooks must be
called in the exact same order in every component render.
```

所以，当一个组件每次渲染时，其调用的 Hook 的数量、类型和顺序必须相同，或者说，只能在组件顶层无条件地调用 Hook。

尽管我们的例子里只提到了 useState，其他的 Hook 实现原理也类似，即依赖一个类似于全局变量数组来跟踪记录状态信息，所以这条规则成了使用任何 Hook 所必须遵循的普世法则。

最后，再给你看一个例子（前面章节中有一个类似的例子），你觉得如下代码正确吗？

```
function Counter({ step }) {
  if (step <= 0) return <div>同学, step 必须大于 0! </div>;
  const [count, setCount] = useState(0);
  return <button onClick={() => setCount(count + step)}>{count}</button>;
}
```

事实上，这也是一个有条件地调用 Hook 的例子，只不过比较隐蔽。当 step 大于 0 时，useState 被调用了，但当 step 小于或等于 0 时，就没有调用任何 Hook。所以，React 会扔给我们以下两个错误之一：

```
Error: Rendered more hooks than during the previous render.
```
错误：本次渲染时调用 Hook 的数量比上次多。
```
Error: Rendered fewer hooks than during the previous render.
```
错误：本次渲染时调用 Hook 的数量比上次少。

3.7 条件扔钩

"风向要变！"

听到尤大副这一声呐喊，我知道时间循环又要来了。正准备闭上眼迎接即将到来的风雨，忽然发现所有的海盗都一动不动、齐刷刷地望着我，胡克也在一旁一言不发地盯着看我。

啊呀，我现在是船长了，得安排他们按顺序扔铁钩！好在刚才扔过铁钩的海盗们我都大致记得，虽然大部分人我叫不上名，但指指点点地倒也能让他们都各就其位，还算井井有条。

"尤日史德特，你先扔……你，你扔吧……艺术家，到你了，扔钩……"指手画脚一通下来还蛮过瘾的。

"尤大副，该你了。扔一个环保除油钩。"我对身旁的尤日伊费克特大副说。

"海里又没有油污，扔它作甚？"尤大副居然抗议。

"咦？扔钩无条件啊！"我指着挂在桅杆上的那幅戒律卷轴。

"海里有油污时我的铁钩下去才有用，不然不是浪费时间吗？"尤大副嘟囔着。

"这是戒律，大家都得遵守。刚刚你扔过铁钩，所以这次也必须扔。"艾伦也过来帮我。

我回头看了一眼胡克，希望得到他的支持，可是他揣着手，脸上没有任何表情，看样子是要考验我如何处理。

再不服从难道要扔他下海喂鲨鱼？我思量着，凭我俩之力怕是没法推动他半步，其他那些海盗都在一旁看热闹。

我打量四周，看到刚刚从海盗母舰开过来的小艇还停靠在一旁，心里一动。

"尤大副，这样吧，麻烦你先到那艘小艇上，如果看到海面有油污，你就开船出去扔钩，如果没有油污，就不要开船。不过，只要船开出去了，就必须要遵循戒律，每次时间循环都扔出铁钩。这可是军令如山！"

看到尤大副心满意足地登上小艇，我这才松了一口气，再回头看到胡克那老树根一样的脸上泛起了赞许的微笑。

3.7.1　有条件地使用 Hook

船长不好当啊，既要照顾船员的情绪，又必须严格维持纪律，亏得我有急智。

Hook 是不能有条件地使用的，而组件却是可以有选择性地渲染的。我们可以把需要有条件执行的代码分拆到子组件中，然后有选择性地渲染子组件，而在子组件中，Hook 的使用仍然遵从规则。所以，让尤大副上那艘小艇（另外一个组件）是一个完美的解决方案：既实现了有选择性地使用 Hook，又保证没有违反 Hook 规则。做到鱼与熊掌兼得！

这里也揭示出 Hook 规则的本质之一，所谓的无条件执行或执行的种类与顺序必须一致，都是针对同一个组件而言的。只要理解了 Hook 规则的本质，还可以通过其他的办法绕过规则字面上的限制，用以实现我们需要的功能。如下对常见的一些方法进行了总结。

3.7.2　分拆到子组件

将对需要有条件运行的 Hook 分离到子组件中，然后有选择地渲染该组件。

```
function SharkClub() {
  const [searchMethod, setSearchMethod] = useState("投食者"); // 投食者或食物名称
  return (
    <div>

      ...

      {/* 有条件地渲染子组件 */}
      {searchMethod === "投食者" ? <FeederChooser /> : <FoodNameSearch />}
      <button>下一步</button>

    </div>

  );

}


// 分离出来的子组件，其中对 Hook 的使用没有违反规则
function FeederChooser() {
  const [feeder, setFeeder] = useState("林顿");
  return (
    <label>

      投食者:

      <select value={feeder} onChange={(e) => setFeeder(e.target.value)}>

        <option value="胡克">胡克</option>

        <option value="尤日伊费克特">尤日伊费克特</option>

        <option value="林顿">林顿</option>

      </select>

    </label>

  );

}
```

```
// 分离出来的子组件，其中对 Hook 的使用没有违反规则
function FoodNameSearch() {
  const [foodName, setFoodName] = useState("金枪鱼");
  return (
    <label>
      食物种类:
      <input value={foodName} onChange={(e) => setFoodName(e.target.value)} />
    </label>
  );
}
```

3.7.3　在 Hook 内部讲条件

除了把 Hook 调用移到子组件里，有时候其实还有更简便的办法，能既不犯规，又让尤大副开心。虽然不能有条件地调用 Hook，但如果 Hook 接受的参数包含回调函数，我们可以把条件语句放到回调函数中。例如，对于 useEffect，我们可以这样做。

```
function Boat(props) {
  // 👆 既没有犯规，又让尤大副开心
  useEffect(function cleanSea() {
    if (props.isSeaDirty) {
      // 环保除油扫描覆盖动作
    }
  });
  ...
}
```

3.7.4　一直调用，条件使用

如果需要条件使用的 Hook 有返回值，可以总是调用该 Hook，但有选择性地使用其结果。例如：

```
function Comp(props) {
  const [countPersist, setCountPersist] = usePersistence("key", 0);
```

```
const [countState, setCountState] = useState(0);
// 根据情况有选择性地使用 Hook 的结果
const count = props.persist ? countPersist : countState;
const setCount = props.persist ? setCountPersist : setCountState;
return <button onClick={() => setCount((c) => c + 1)}>{count}</button>;
}
```

3.7.5 自律

一般来说，Hook 不能放到循环语句里执行，因为其执行次数不定，违反了扔钩无条件的戒律，但是，如果我们能保证每次渲染时该循环的运行次数恒定呢？

```
function Comp(props) {
  const states = []
  for (let i = 0; i < 5; i++) {
    states.push(useState(0))
  }
  ...
}
```

只要足够自律，我们甚至可以无视胡克的第一条戒律，在非组件中调用 Hook。当然，这也只是突破规则字面上的含义，从根本上还是遵守规则的。

设计软件 Framer 中的 Override API 是一个很好的例子。Override 是一个函数，用户可以用它修改界面元素的属性。值得注意的是，Override 并不是函数组件，然而我们居然可以在里面调用 Hook！

```
// Framer 中的 Override API
export function DoneButton(): Override {
  const nav = useNavigation();    //<== 在非组件中调用了 Hook
  return {
    onClick: () => {
      nav.goBack();
    },
```

```
  };
}
```

在 Override 里可以这么做并不是因为 Hook 的使用规则形同虚设，而是因为 Framer 的开发者足够自律。他们在每一个组件中的代码里都无一例外地、无条件地调用 Override 函数，这样就保证了每次渲染时所使用的 Hook 的种类和顺序始终一致。

```
// Framer 的内部代码示意
function ComponentOnCanvas(props) {
  // 保证所有组件都无一例外地调用了 Override
  const override = DoneButton(...)
  ...
  return ...
}
```

3.8　铁钩特勤编队

把那帮还算听话的海盗呼来唤去，我过足了瘾，不过重复了几次以后，我的懒人本性渐渐占了上风。每次遇到时间循环都要我挨个点名，而且经常要重复好几遍，真是无聊又低效啊。难道他们没脑子，自己记不住吗？

哦，对，海盗们恐怕真是没脑子，他们是代码，只会按指令行事。不过我可是他们的"上帝"啊！既然他们是代码，能不能把这些扔钩动作抽出来都放到一个单独的函数里？这样，我每次就只需要调用这个函数，而不用费心去记忆顺序和每次都逐一点名了。

想到这里，我小声地对艾伦说："把观察者窗口借我用用。"

艾伦却看了一眼在不远处的胡克，面露难色："恐怕不行啊，观察者窗口使用时不能被观察对象察觉到。"

"嗯，那等晚上他们都睡了我再操作。"

……

"投食编队，行动！"

"是！"

"雕刻编队，执行任务！"

"Yes Sir！"

……

昨晚搞了一通宵，总算没有白忙。我按照先前的构想在观察者窗口里将重复的扔钩动作归类并抽出到独立的函数中，而海盗们所察觉到的，即是他们被安排到了不同的编队。

这下可轻松多了，我只需要喊出编队名称，队内的海盗们就按照既定的顺序完成任务。如果需要的话，甚至可以用小编队组成大编队，进一步满足我的懒人本性。不得不佩服自己的才智！

胡克在一旁也看得频频点头:"嗯,不错。不过……有个问题。"

"什么问题?"

"我的队伍里每个人都姓尤日,你没有发现吗?我建议把每个编队的名称都加上'尤日'两字,这样,团队才有归属感嘛!"

"行。尤日环保投食队,Go!"

3.8.1 自定义 Hook

海盗们一旦组成了编队,Hook 的真正优势就体现出来了。Hook 不仅可以为函数组件加入 state 或副作用,抑或保存各种数据以便于在多次渲染中使用——这些只是小把戏——Hook 真正的作用,在于:

组建自定义 Hook,重用代码逻辑。

这一点很像 React 的自定义组件。自定义组件让 UI 部件变得易于重复使用,而自定义 Hook 则聚焦于分享重用那些不能在界面上直接看到的代码逻辑,例如状态管理、下载获取数据、订阅服务,等等。

在下面的代码例子里,我们用到了 useState 和 useEffect 两个 Hook,让用户可以用键盘控制船的位置:

```
function Boat() {
 const [x, setX] = useState(0)
  const [y, setY] = useState(0)


  useEffect(() => {
    // 允许用户使用键盘控制船的位置
    const listener = (e) => {
      switch(e.code) {
        case 'ArrowDown':
          setY(y => y + 10);
          break;
```

```
          case 'ArrowRight':

            setX(x => x + 10);

            break;

          ...

        }

      }

    window.addListener('keydown', listener)

    return () => window.removeListener('keydown', listener)

  }, []);


  return ...

}
```

我们可以将这两个 Hook 抽出来，写成一个自定义 Hook：useMoveWithKeyboard，这样不管是帆船、快艇还是军舰，都可以通过调用自定义 Hook 支持键盘的控制。

```
// 自定义 Hook：
// 1. 函数名必须以 use 开头（记住，要姓"尤日"）
// 2. 函数参数可以根据情况任意指定，React 并无特别要求
function useMoveWithKeyboard() {
  // 3. 在自定义 Hook 中使用其他Hook时，记得还是要"无条件扔钩"！
  const [x, setX] = useState(0)
  const [y, setY] = useState(0)
  useEffect(() => {
    const listener = (e) => {
      switch(e.code) {
        case 'ArrowDown':
          setY(y => y + 10);
          break;
        case 'ArrowRight':
          setX(x => x + 10);
          break;
```

```
      ...
    }
  }
  window.addListener('keydown', listener)
  return () => window.removeListener('keydown', listener)
}, []);
// 4. React 对自定义 Hook 的返回值也没有特别要求
return [x, y]
}


function Sailboat() {
// 5. 使用自定义 Hook 的方法与标准 Hook 一样，当作函数调用即可
const [x, y] = useMoveWithKeyboard();
...
}


function SpeedBoat() {
const [x, y] = useMoveWithKeyboard();
...
}


function Destroyer() {
const [x, y] = useMoveWithKeyboard();
...
}
```

你注意到没有？与自定义组件相比，自定义 Hook 的创建和使用方法更加自由，我们几乎是把它们当作普通 JavaScript 函数的，连返回值都可以自由规定。注意，我说的是"几乎"，这是因为它们毕竟是 Hook，必须得遵从胡克船长的两大戒律。

3.8.2　函数组合的威力

既然自定义 Hook 是 JavaScript 函数，它们自然就具备了函数强大的组合能力（composition），

也就是用函数组建新函数的能力。正是因为这一点，当 Hook 推出以后，React 社区迅速跟进，成百上千的自定义 Hook 如雨后春笋般涌现，很多以前实现起来很复杂的功能，现在只需要调用一个 Hook 就可以搞定。有不少网站专门罗列介绍各种自定义 Hook，例如 useHooks.com，如图 3-11 所示。

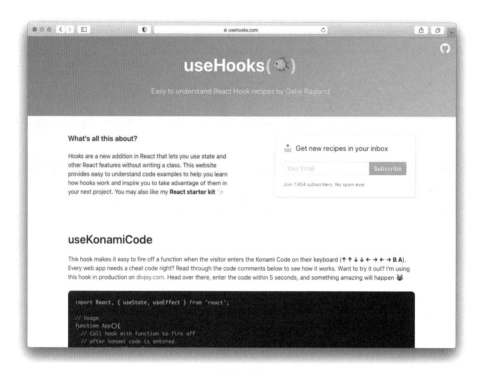

图 3-11

关于函数组合的威力，我们来看一个例子。这个 useDarkMode Hook 需要包含不少逻辑，比如保存用户的偏好选择、查询浏览器设置，等等。但其使用方法就是一行函数调用。

```
const [darkMode, setDarkMode] = useDarkMode();
```

在超简单用法的背后，来感受一下函数组合是如何发威的。首先，useDarkMode 用了三个 Hook：useLocalStorage、useMedia 和 useEffect（注：如下代码中次要部分用 "..." 代替）。

```
function useDarkMode() {
  const ... = useLocalStorage('dark-mode-enabled')
  const ... = useMedia(...)
```

```
  useEffect(...)
  ...
}
```

然后，useLocalStorage 和 useMedia 也同样是自定义 Hook，它们分别由 useState 和 useEffect 组成。

```
function useLocalStorage(key) {
  const ... = useState(...)
  ...
}

function useMedia(...) {
  ...
  const ... = useState(...)
  useEffect(...)
  ...
}
```

我们可以将各种 Hook 按照需求组合拼接，得到的 Hook 又可以作为未来新 Hook 的基础，以此无限地延展下去。铁钩小编队组成铁钩大编队，大编队还可以继续组队，这才是 Hook 的真正威力。

有兴趣的话，你可以仔细研究一下 useDarkMode 的代码，相信一定会大有收获。

3.8.3 状态逻辑

自定义 Hook 真是既方便又实用，我们可以将代码逻辑抽出来放到 Hook 里，轻松地在组件之间实现共享。那么，是不是应该把所有的代码逻辑都放到自定义 Hook 里呢？我们来看一个例子。

假设有两个组件。

```
function SailingBoat(props) {
  const [x, y] = useMoveWithKeyboard();
  return <div style={{ transform: 'translate(${x}px ${y}px)' }}>⛵</div>;
}


function MotorBoat(props) {
```

```
  const x = props.x;
  const y = props.y;
  return <div style={{ transform: 'translate(${x}px ${y}px)' }}>🛥</div>;
}
```

这两个组件里有一些重复代码，我们先抽出来放到 Hook 里试试。

```
// 新 Hook
function useTranslate(x, y) {
  return { transform: 'translate(${x}px ${y}px)' };
}


function SailingBoat(props) {
  const [x, y] = useMoveWithKeyboard();
  const style = useTranslate(x, y);
  return <div style={style}>⛵</div>;
}


function MotorBoat(props) {
  const x = props.x;
  const y = props.y;
  const style = useTranslate(x, y);
  return <div style={style}>🛥</div>;
}
```

上面的代码还不错吧，重复的逻辑都在 useTranslate 这个 Hook 里，使用时只需要简单调用就可以了。

……

事实上，这个函数不应该是 Hook。为什么呢？在谈到 Hook 的开发动因时，React 的官方文档是这么说的：

在组件之间复用状态逻辑很难（It's hard to reuse stateful logic between components）。

注意，这里说的是"状态逻辑"（stateful logic），而不是所有的逻辑。所谓"状态逻辑"，就是将会读取或更改状态的代码逻辑。如果一段代码属于状态逻辑，就应该放到自定义 Hook 里，如果与状态无关，放到普通的函数里即可。

上面的描述可能有点绕，到底怎么才能判断一段代码是不是状态逻辑呢？一个最简单的办法就是看有没有调用其他的 Hook。前面这个函数并没有调用 Hook，所以，还是把它改名变成一般函数更好，这样就可以更加随意地使用了，何必遵守胡克那些不近人情的戒律？

```
function xy2Translate(x, y) {
  return { transform:'translate(${x}px ${y}px)' };
}
```

再把这个例子扩展一下，比如我们想让船自动移动，也就是说需要每隔几百毫秒就修改组件的 x 偏移值。因为需要周期性地改变 x 状态值，需要用到 useState 和 useEffect 两个 Hook，这就是状态逻辑了，所以必须放到 Hook 里。

```
function useRandomMove() {
  const [x, setX] = useState(0);
  useEffect(() => {
    const interval = setInterval(() => {
      setX(50 - Math.random() * 100);
    }, 300);
    return () => clearInterval(interval);
  }, []);
  return x;
}
```

所以，虽然自定义 Hook 好用，但它们是用来帮助我们重用状态逻辑的，不必一上来就把所有代码都放到 Hook 里，有时候用普通的函数就足够了。

3.9　笔记

趁着月色，我将画师的地图展开，开始将途中的经历一一标注在空白处。标到一半时，我忽然想起艾伦那天特地送给我了一个全新的笔记本，也许他是心疼这幅水墨画吧。不过管他呢，有标注地图不是更好用吗？等写满了再用笔记本也不迟。

1. 古典帆船：类组件

即定义为一个 JavaScript 类（class）的 React 组件，它的写法比函数组件更繁杂。

2. 遭遇胡克船长：Hook 为组件"勾"回新功能。

Hook 用于从函数组件所处的外部环境中"勾"回新功能。以 useState 为例，再加上这个 Hook 之前，函数组件功能很单一：无论这个组件在何时被渲染或渲染了多少次，它总是返回同样的结果。而加入 useState 之后，函数组件则从其外部环境（React）里获得了支持内部状态的新功能，可以返回基于用户输入的不同结果。

3. 风向急变：Hook 保存组件内部数据

为了应付函数组件渲染的时间循环，Hook 将组件内部数据保存到外部环境，以备下次渲染使用。

4. 尤日伊费克特大副：useEffect 与生命周期回调方法

useEffect Hook 可以替代类组件中的三个生命周期回调方法。

Hook 的优越性在于：第一，使用 Hook 的函数组件代码长度差不多是功能相同的类组件的一半；第二，也是最重要的，在函数组件代码里，每一个"功能关注点"（concern）对应的代码基本上集中在一处，而不像在类组件里，某个关注点的代码分散得七零八落。显然，函数组件将比类组件的代码维护起来容易得多。

5. 大副的真正职责：使用 useEffect 管理组件副作用

所谓副作用，是函数与其周边环境发生交互的额外任务，例如访问网络、将用户偏好保存到磁盘、播放声音效果等。这些代码或许会访问全局变量，或许会更改系统状态，总之它们的作用范围超出了当前函数。

useEffect 的真正任务是管理协调程序的副作用：将组件内的副作用代码封装，让该组件的副作用效果与组件的内部状态同步。

6. 戒律清规：Hook 的两条使用规则

对于 Hook 使用规则，其一，只能在函数组件中调用 Hook；其二，不能有条件地调用 Hook。每次渲染时，调用的 Hook 的种类和顺序必须完全一致。

Hook 的实现方法决定了上述两条规则的必要性，即采用一个全局的数组来记录同一个组件中 Hook 的调用情况。

7. 条件扔钩：既不违规，又有条件地调用 Hook

所谓 Hook 只能无条件执行，即同一个组件中执行的 Hook 种类与顺序必须一致。只要理解了 Hook 规则的本质，就可以绕过其字面上的限制，有条件地使用 Hook，实现功能需求。

常用的方法包括：分拆到子组件、在 Hook 内部讲条件、有条件地使用调用结果、人为保证执行顺序。

8. 铁钩特勤编队：自定义 Hook，重用状态逻辑

Hook 的真正作用在于组建自定义 Hook，重用状态逻辑。这一点很像 React 的自定义组件。自定义组件让 UI 部件变得易于重复使用，而自定义 Hook 则聚焦于分享重用那些不能在界面上直接看到的代码逻辑，例如状态管理、下载获取数据、订阅服务，等等。

第 4 章
灵缘幻境

组件架构设计简介，包括项目组织结构（文件目录结构、何时划分组件）、评判准则和实施策略、业务逻辑管理以及 State 管理。

胡克将我拉到船尾，忽然变得毕恭毕敬，只见他从怀里掏出一样东西，双手奉上（准确地说是一钩一手奉上）。

"我神使者，失敬失敬！"

我定睛一看，夜色中，他手心里有一个小小的圆球发出微微的蓝光，圆球四周环绕着三道晶莹剔透的圆环、彼此交错，这不是那个吊坠吗？看来我可以省下那一闷棍了。

"我是灵缘岛的守护人，所以在看到吊坠的一刻就知道了您的与众不同，不过我必须履行职责，验证您的身份。"

我心想，还好我机警，不然通不过考验是不是要被喂鲨鱼？既然这样，我决定切入正题："那么灵缘岛究竟在什么地方？你能带我去吗？"

"灵修于汝心，只渡有缘人。"胡克说完，将手中吊坠再次举起，示意我接过。

我心想，在你神本尊面前读什么诗啊，简直是故弄玄虚！我的手指触碰到吊坠时，它的蓝光似乎更强了一些。

"灵修于汝心，只……渡……有……缘……人……"胡克又念了一遍，后半句每说一个字，声音就仿佛离我更远了一点。

这时，我才发现胡克的脸变得有点模糊，哦，不光是他的脸，是他的全身。不对，是我周围的一切，脚下的船板、船尾的栏杆、桅杆、船帆都变成了一块一块高低不平的颜色，就像凑近了看一幅油画一样，而且颜料似乎还在缓缓流动。我不由得伸手去抓胡克的肩头，手到之处，竟像茶匙放进了拿铁咖啡艺术杯里，将那一团颜色搅乱。

我惊慌地低头查看自己的身体，还好，还没有变成油画，挂在胸前的吊坠仍然微微发光。等我再抬头，才发现四周都变成了混沌的灰色。这时，吊坠在我胸前慢慢漂浮起来，蓝光映在四周的灰色背景上，我感到一股力量在轻轻牵引我。于是，我朝着吊坠指引的方向小心地迈步，脚下虽然是一片模糊的灰色，却也能够踩实。

走了没多远，天色忽然明亮起来，我才发现周围已不再是混沌的灰色，空气中弥漫着青草的芳香，脚下是一条碎石子路，铺在一片一望无际的蓝草地上，跟我第一次来 React 星时的景象何等相似！

正诧异间，胸前的吊坠向左微微一拉。我转过身去，看到不远处有一个白色的身影，飘飘袅袅地向我走来。不等吊坠的牵引，我向那身影迎过去。等到走近，我终于看清，她一袭白衣，齐肩的长发上还别着我从办公室带去的那个蓝色别针。她，就是吊坠的主人。

"你……你好。这个……这个吊坠……该还给你了。"我一时语无伦次。

她莞尔一笑，却也不伸手接那个吊坠："你好，我就知道你一定会找到这里的。跟我来。"

我跟她并肩而行，一层薄雾渐渐笼罩四周，把空气染得湿漉漉的。

"上次……上次在神殿里，你说来世再见……"我打破沉默。

她笑吟吟地说："今生也好，来世也好，只要你来了就好。"

停顿了几秒，她接着说："还记得那个传说吗？当神的使者降临灵修院时，大地就会停止震颤，山脉不会再崩塌，大海也不会再咆哮，人们将不再受苦难。从第一眼见到你开始，我就相信你是从天上下来帮助我们的。"

走到一间小茅屋面前，她止住脚步："到了，这里就是灵修院，长老在里面等你呢，记得把吊坠给他。"

"哦，好……"我想再说些什么，却不知从何说起。

她望着我，眼中隐约泪光点点："谢谢你的帮助，再见了。"说完，她转过身去，白色的身影像刚才的薄雾一般渐渐淡去，消失在我的视野里，只留下我站在屋前怅然不知所措。

4.1　React 星的祈祷

正在恍惚间，茅屋内传来一个年轻的声音："快进来吧，我等你多时了。"

踏入屋内，映入眼帘的是和茅屋外观不相称的宽敞，我被一团柔和的白光包围，却找不到光源。视野正中，一个年轻人跷着二郎腿坐在黑色沙发上，只见他身穿深灰色西装、黑色衬衫，胸前系一条墨绿色领带，鼻梁上还架了一副没腿的墨镜。要不是他的黄皮肤，我差点以为见到了黑客帝国里的墨菲斯。

等到看清他的面容，我的下巴差点掉到地板上，"艾伦？！你这小子在这儿干什么？"

"灵修于汝心，只渡有缘人。吾乃灵修院长老是也。"艾伦伸手抚了抚颌下并不存在的长须。

"你搞什么鬼啊？"

艾伦摘下墨镜，脸上露出熟悉的笑容，拍拍身旁的沙发示意我坐下。

"请你到这儿来呢，确实是有重要的事情想跟你合作。"

"有事直说不行？绕这么大圈干吗？"

"是这样的，你把吊坠给我，给你看个东西。"

吊坠从艾伦手心慢慢浮起，悬停在和我们眼睛平齐的位置，三道圆环缓缓旋转，屋内的白光忽然黯淡下来。艾伦用手指轻轻点了一下其中的一道圆环，吊坠在顷刻间迅速膨胀，我赶紧低头躲避迎面而来的圆环，却发现它如影像般穿过我的身体和背后的沙发，投在墙壁和天花板上。这时，吊坠中心的圆球已有大半个屋子大小，发出淡淡的蓝光，像一颗微缩的行星，海洋和大陆清晰可辨。

"这个吊坠实际上是算力更强的观察者窗口，能够实时地显示 React 星上的一切，可以任意缩放和改变观察时间。你试试看。"

我伸出手拨弄了一下圆球，圆球凭着惯性慢慢旋转。看到海面上有两个小黑点，我下意识地用拇指和中指贴着圆球做了一个放大图片的动作，两个黑点果然顺着我手指的方向放大，直到能看清那是一艘黑色现代军舰，旁边不远处是一艘旧式的小帆船。再放大，我看到艺术家在船上雕琢新作品，尤日伊费克特大副摆弄着他的环保除油钩，胡克船长则站在船舷护栏上向远处眺望。

"这次真的是上帝视角了。"我笑道，随即稍稍缩小了画面，在帆船周围仔细寻找。

艾伦问："你找什么？"

"找灵缘岛的位置，看看我们自己。"

"我们这里在监控范围之外。看我们自己干吗？你是想找你的梦中情人吧？"

我一拳打在他的胸口，"瞎说什么，只是一面之缘的朋友而已。"

"哦，好，一面之缘的朋……友……"艾伦捂着胸口，故意把最后两个字拉长，随即又正色道："用我们通常的概念来说，你刚刚见到的是她的魂魄。她想要再见你一面，为你再引一次路，现在应该是安心去 GC 转世了。用我们程序员的上帝视角来看呢，她是程序运行时生成的一个对象，所谓转世实际上就是内存回收。"

"想要见我一面，为我再引一次路……"我喃喃地重复。

"是啊，她希望你帮她完成凤愿。"艾伦说完，将画面缩小，挥手让圆球旋转到摩组城的海岸线，很快找到了船帆形状的航博大厦。

"你看，那个人事经理还在面试。"艾伦放大画面，试图打断我的呢喃。我回过神来，看到了那间灯光时不时闪烁的办公室。透过大厦的外墙玻璃，我还找到了楼梯通道，看到传送工程师们正忙忙碌碌地往下传递手提箱。

"跟我们离开时差不多。"我说。

"不过这是你进入灵修院之前大概五分钟的影像。现在是这个样子。"

艾伦用另一只手拖动画面一角的一个控制条。只见整个影像闪烁了一下，跃然眼前的是歪斜得不成样子的航博大楼，像被一只巨手捏坏的火柴盒，周围的建筑也坍陷了大半，满眼碎石瓦砾，很明显建筑物里一定有很多人因此丧生或被困。

"怎么回事！"我惊呼。

"那边刚刚发生过一次地震，最近地震海啸什么的越来越多了。"艾伦说着，将画面放大定格到航博大楼顶端的一个还没塌掉的平台上，有四五个人长跪不起、双手高举，全然不顾自己身上正在汩汩流血的伤口。"唉，每次遇到灾害，他们都这样，看多了真是受不了。"

"他们是在祈祷吗？"我想起了那些在 index 神殿上的人们。

"是啊，希望得到神的宽恕，祈祷神的使者帮助他们解难。这些灾害的直接原因，从程序员视角来看，要么是程序结构不合理，要么是写程序时知其然不知其所以然，引入了 Bug。用 React 的人越来越多，难免不良代码也会越来越多。"

"咦？这个人我认识，名叫夏掣，他好像伤得不轻。我们赶紧调出代码来改啊！人命关天！"

艾伦摆摆手，随即将画面在 React 星上的不同地点间切换，我看到的是肆虐的飓风、滔天的洪水、漫天的黄沙、干涸龟裂的土地、熊熊燃烧释放出滚滚黑烟的森林大火。每个地方的人们，只要一息尚存，都以同样的姿势高举双手向天空祈祷，希望神的使者能够从天而降。

艾伦深吸一口气说："我也曾天真地想凭一己之力做一次救世主。但是，别忘了我们的世界里有数以千万计的前端程序员，所有人的合力才决定了这个星球的命运。就凭我们两人之力，改一辈子程序也充其量只能建好一座城市。"

"相较之下，如果我们能想办法影响我们世界里的程序员，尽可能地减少不良代码，说不定还真的能改变这个星球的命运。所以，这次费了这么多周折，让你亲历了 React 星球的一切，我是想跟你合作写一本书，把这段故事讲给地球上所有想学 React 的程序员上帝们听，岂不是比闷头改代码有效得多？"

"关于 React 的书有不少了吧？那些书对 React 星上的人们有帮助吗？"

"好书的话，或多或少都有些帮助。不过我们的书将从一个完全不同的视角来呈现 React 的规律和本质，让程序员上帝们感同身受，继而更称职地担当起造物主的责任。"

4.2　项目组织结构

我把随身的笔记本递给艾伦，"自从着陆以来，我们遇到的那些事我都记下来了，比如你去自拍差点英勇就义啊什么的，还加上了插图。我都开始喜欢我的笔记强迫症了。"

艾伦点点头："我就知道找你没错！不过，这些都是关于 React 的一些基础知识。基础知识固然是重中之重，但要应用到实际项目中的话，我们还需要深挖一下。"

他不知从哪儿摸了一杯咖啡出来，呷了一口，继续说："React 有一个很重要的特点，它对一个项目的组织结构并没有什么强制的规定或者约定俗成的契约。开发者在项目结构选择上有很大的自由度，可以使用任意的目录结构，既可以把每个组件都放到各自的文件内，也可以一个文件容纳多个组件，可以将项目分割为很多组件，也可以使用相对较少的组件，开发者可以根据项目实际情况和团队文化决定实际风格。可是，选择太多也会造成很多困惑，这应该是 React 星灾害频发的原因之一。"

"所以我们需要在书里讨论一下一个 React 项目组织结构的问题。到底什么样的组件架构才是最合理的？应该遵循什么样的工作流程？"

"至少要能回答这几个问题才能算完整吧。"艾伦手指在空中比画，我们眼前出现了几排文字：

- 应不应该将每个组件都放到各自的文件里？

- 一个组件到底应该多大？

- 什么时候将一个组件拆分成多个组件？

- state 应该放在哪个组件里？

- 应该在哪里下载数据？

我沉思片刻，说："这样吧，我们把航博大厦重建一下，再把构建的过程记录整理出来，作为范例放到书里。你看怎么样？"

艾伦一拍大腿："好主意，就这么办！"

4.3　评判准则和实施策略

"那到底什么样的组件架构才是最合理的？有没有一个统一的标准呢？总不能打哪指哪吧？"我问道。

"标准当然有。其实我们都学过、用过，那就是单一责任原则。这是放之四海而皆准的软件工程方法。"艾伦打出一行文字，并加上了英文名称。

单一责任原则（Single responsibility principle）

"以前我读过，在设计模块结构时，应该尽量明确每个模块的责任范围，一个模块只做一件事，具体到 React 里，把'模块'换成'组件'应该就可以了。这样，可以实现关注点分离，对提高代码的可读性、可测试性、可维护性都有很大的帮助。"我不甘示弱，按相同格式也打了一行字。

关注点分离（Separation of concerns）

艾伦点点头，继续说："嗯，原则有了，那启动一个项目时具体应该怎么做呢？你有没有什么心得想分享到书里？"

我想了想，说："心得嘛，确切地说是一种负罪感。在开始一个项目时，我老是感觉没有一个清晰的计划，所以不得不随时都在调整程序结构。按理说，一开头就应该对系统的架构了然于胸嘛，否则，还算是一个称职的软件工程师吗？"

艾伦表示深有同感："对啊，这种负罪感我也有过，总觉得一上来就应该清晰地计划好一个应用中有哪些组件、哪些文件，以及组件之间应该如何互动，开发过程就只剩下噼里啪啦打字了。真实情况是，这真的很难做到啊。这种思路造成的结果是我花了很多时间去设计组件的架构、考虑未来的扩展性，等等。实际上系统需求发生变化时，那些代码仍然需要作大幅度的调整。"

"所以，后来我写代码时总是不顾一切先开始再说，从最简单方案着手，在最短时间内实现可视化结果，不去想太多，然后持续地迭代、重构。"

我竖起大拇指："这其实是个好策略。让我想起了一本经典书——*Clean Code*——中文名是《代码整洁之道》。作者 Robert C. Martin 在书中说，想要从一开头就设计一个完美的系统是不现实的，那只是一个不切实际的神话传说。整洁的代码结构是在不断迭代重构的过程中逐渐显现出来的。"

"另外，还有一个策略我称为'原因驱动'，或者说是钢铁侠埃隆·马斯克喜欢说的第一原则思考法。在做每一个设计决定时，都应该基于一个本质上、深层次的原因，都应该思考为什么，而不是仅仅遵循某个教程的具体步骤，或者盲从于所谓的最佳实践。"

"嗯，对，比如胡克船长的那两条戒律，要不是咱们事先山寨过那个 useState Hook，从而对 Hook 的使用规则理解得还算透彻，那个麻烦的尤大副恐怕还真难搞定。"

……

这样的讨论颇有成效，不一会儿，我们就整理出了对于一个项目架构的评判原则和具体实施策略。接下来就可以挽起袖子开干了！

评判原则：单一责任原则；关注点分离。

实施策略：

* **从简从快。** 从最简单的方案着手，在最短时间内实现可视化结果。

    不用想太多，开头和继续前进比什么都重要。

* **持续重构。** 有意识地持续改进程序组织结构。用基本原则驱动重构。

* **原因驱动。** 做每一个设计决定时，都应该基于一个实质上的原因。

4.4 从静态出发

怪不得航博大厦前总是人头攒动，原来决定其宏观形态的代码在我们的世界中是一个招聘网站，其数据源来自 GitHub Jobs。这个网站的界面如图 4-1 所示。

由于原先的代码混乱不堪，我们决定按照这个界面将代码从头写过，作为这本书的范例。项目的实现框架采用 Next.js，该框架提供了灵活的静态页面生成和动态后台的支持。

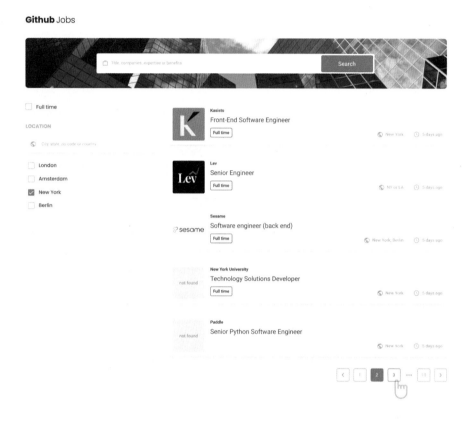

图 4-1

4.4.1 占位符

按照先前讨论的"从简从快"原则，我们决定先忘掉界面上的各种交互、动画等，而从最简单的静态页面出发，按照界面上各元素的基本逻辑关系做一个大致的划分，如图 4-2 所示。

我调出虚拟键盘跃跃欲试："我来写第一个组件吧。"随后打开 Next.js 自动生成的 pages/ index.js 文件，写下如下代码：

```
export function JobList() {
  return (
    <div className="job-list">
      <Header />
```

```
      <Filters />
      <Results />
    </div>
  );
}


// pages/index.js
export default function Home() {
  return <JobList />;
}
```

Header

Github Jobs

Title, companies, expertise or benefits   Search

Filters

☐ Full time

LOCATION

City, state, zip code or country

☐ London
☐ Amsterdam
☑ New York
☐ Berlin

Kasisto
Front-End Software Engineer
Full time   New York   5 days ago

Lev
Senior Engineer
Full time   NY or LA   5 days ago

Sesame
Software engineer (back end)
Full time   New York, Berlin   5 days ago

New York University
Technology Solutions Developer
Full time   New York   5 days ago

Paddle
Senior Python Software Engineer
                                                       New York   5 days ago

‹ 1 2 3 ··· 10 ›

Results

图 4-2

这里的 Header、Filters 和 Results 三个组件暂时还只是一个占位符：

```
// components/JobList.js
function Header() {
  return <div>Header</div>;
}

function Filters() {
  return <div>Filters</div>;
}

function Results() {
  return <div>Results</div>;
}
```

不管怎么样，先让程序可以执行、结果可以在浏览器里看得见再说，具体的细节慢慢再填充。尽管这个界面暂时只包含了一堆占位符，但我们已经迈出了第一步，为前进奠定好了坚实的基础。这就是我们的第一条策略——从简从快。从最简单的方案出发，以最快的速度在浏览器里呈现程序的运行结果（当然，如果有工具自动生成这一堆占位符代码，就更好了）。

4.4.2　重复部分

"你看，搜索结果的界面有明显的重复部分。"艾伦指着目前的软件界面说，如图 4-3 所示。

"我来把这些重复的地方抽象成组件吧。"艾伦说着，噼噼啪啪输入了几行代码：

```
function JobCard(props) {
  // 仍然暂时只是一个占位符
  return <div>JobCard</div>;
}
```

因为 Results 组件里会显示一堆 JobCard，他从 GitHub 的 API 下载了一批真实数据并保存为本地文件，以用于开发静态页面的布局和样式：

```
import MockPositions from "./mock-positions.json";

function Results() {
  const jobs = MockPositions;
  return (
    <div className="results">
      {jobs.map((job) => (
        <JobCard {...job} key={job.id} />
      ))}
    </div>
  );
}
```

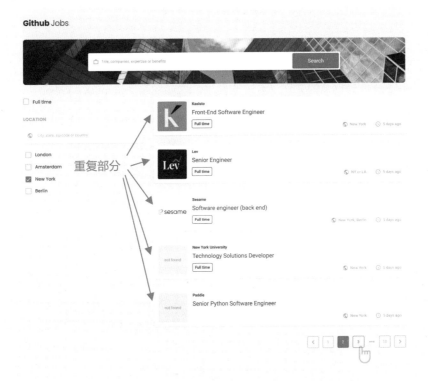

图 4-3

接下来，我对 JobCard 施展拳脚，使用 CSS 将其外观调整成为原先界面中的样子。这里的关键是，每次我们调整保存 JobCard 的代码时，都可以在浏览器里即时看到结果。这仍然是：从简从快，以最快速度写出能在浏览器里看到结果的代码，然后在其基础上迭代更改。

4.5 文件和目录结构

忙活了一阵，我们在 Header、Filters、Results 和 JobCard 几个组件里都加入了相关内容并用 CSS 调整外观，一个静态的网站界面基本完成了。

到目前为止，我们所有的代码都放在 pages/index.js 文件里，文件开始慢慢变得有点长。

4.5.1 一个组件一个文件？

我自言自语："是不是应该把每个组件都抽出来，放到各自的文件里呢？就像 Java 语言里一样。"

艾伦说："抽出来有什么好处呢？找某个组件更方便？"

"也许吧，不过分成单独的文件也有一些麻烦，比如老是要 import、export。"

"是啊，依我看，暂时把组件都留在一个文件里吧，等会开始加互动、组件之间的关系更加清晰了再移出来不迟。或者抽出一个 JobList 组件放到 components/JobList.js 里，所有的组件都放到 JobList.js 里。"

"行，那就抽出 JobList.js 吧。这样的话，pages/index.js 文件的作用会更清晰一些，既然是在 pages 目录下的，就应该只处理页面相关的事务，例如加入 head 标签等，具体页面上显示的内容就由 JobList 来负责，单一责任原则嘛！稍后我们再来决定需要从 JobList 文件里抽出哪些组件出来。"

"嗯，从简从快、持续重构。刚开始，不妨将所有组件都放在同一个文件内，因为这样最快、最方便，组件之间直接相互引用即可，不用操心多个文件带来的琐碎细节：新建文件、相对路径、import/export 语句等。等到各组件代码开始变得复杂、组件之间的关系更加清晰，或者有外部组件引用时，再考虑将一些组件移出到独立的文件里。"

对于一个文件里应该放多少个组件，React 并没有任何强制规定，甚至都没有最佳实践的向导说明，而是放任整个开发者社区自行决定。于是，针对组件和文件的对应关系，大家众说纷纭。有人认为每个组件都必须放到各自的文件里，这样使查找组件文件简便快捷；也有人认为一个文件容纳多个组件并无大碍，只要组件之间相互关联。

我和艾伦取得一致的策略仍然是：从简从快，持续重构，原因驱动。使用单一责任原则来判定文件划分是否合理，并根据具体情况灵活处理。例如，把多个组件放到同一个文件里一般来说可以节省时间，但如果涉及团队合作，也许将组件按照人员分工划分成多个文件的效率更高。

当然，将组件移出文件时，如果纯粹用手工操作的话，未免太过烦琐，而且容易出错。幸好现代的开发环境提供了强大的支持，例如，在 Visual Studio Code 中可以一键实现移出至新文件或者重命名，如图 4-4 所示。

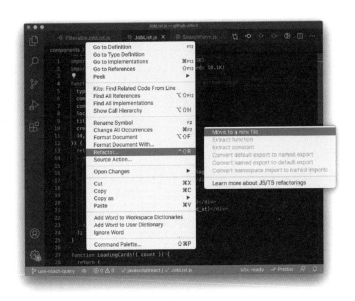

图 4-4

4.5.2　目录结构

跟文件结构类似，React 对一个项目的目录结构也没有硬性规定。我和艾伦取得一致的策略仍然是：**从简从快，持续重构，原因驱动**。

刚开始，文件数量并不多，不妨将文件都放到同一个目录里，方便查找管理。在当前这个项目里，我们只是按照 Next.js 的要求区分了 components 和 pages 两个目录。前者包含项目中用到的所有组件，后者内部每一个文件都对应了网站的一个页面。

同样，Visual Studio Code 提供了强大的重构支持，如果把某些文件移到子目录里，VSCode 会自动更改当前项目中所有文件里的 import 语句，这大大减少了我们对于目录结构的后顾之忧。刚开始为简单起见将文件都放在一个目录，有需要重新组织文件时，鼠标动一动、按几个键就行了。

4.6　何时划分组件

"这个 Header 组件貌似有点太大了吧？"我指着 Header 组件的代码，问道。

艾伦挠挠头："一个组件到底多大才算太大？多小才算太小？这是个艺术的问题啊！"

"别说得这么玄乎，什么艺术不艺术问题的。用单一责任原则来判断，我觉得应该把搜索表单从 Header 里抽出来，作为一个独立的组件。Header 里包含搜索表单总觉得有点怪怪的。"

"嗯，有道理，我来改吧。"艾伦说着，将搜索表单相关的代码剪切到了一个新组件——SearchForm。

```jsx
function SearchForm({ onKeywordChange }) {
  const [term, setTerm] = useState("");
  function dispatchKeywordChange(k) {
    typeof onKeywordChange === "function" && onKeywordChange(k);
  }
  return (
    <form
      className="search-form"
      onSubmit={(e) => {
        e.preventDefault();
        dispatchKeywordChange(term);
      }}
    >
      <input
        type="search"
```

```
      value={term}

      onChange={(e) => {

        setTerm(e.target.value);

        if (e.target.value.length === 0) dispatchKeywordChange("");

      }}

    />

    <button>Search</button>

  </form>

  );

}


function Header({ onKeywordChange }) {

  return (

    <div className="header">

      <h2>

        <strong>Github</strong> Jobs

      </h2>

      <div className="hero">

        <SearchForm onKeywordChange={onKeywordChange} />

      </div>

    </div>

  );

}
```

"这样好一点了，不过似乎还是有哪点不对。"我仔细端详着代码。

"第一，这个 onKeywordChange 从 JobList 到 Header 到 SearchForm 一路传下来挺麻烦，而且 onKeywordChange 在 Header 中根本就没有用到，搞得每层楼的传送工程师都累得慌，这就是那个每层楼钻孔（Prop drilling）的问题。第二，Header 跟 keyword 有什么关系？难道在其他页面加入 Header 时也必须支持关键字搜索？"

"也是哈，虽然可以用 Context 解决 Prop drilling，但在 Header 里包含关键字的逻辑始终是不对的，让 Header 的责任不那么单一了。"

"嗯，Header 组件就只应该负责页面头部的显示问题，而里面的内容应该在具体使用 Header 时再决定。猜我想起了什么？我们刚到摩组城时在路上看到的黑科技建楼方法，先放一个框在楼层中间，当需要换楼层时再随时换。你跟我说是组件的动态组合方式。"我随即将代码重构如下：

```
function Header({ children }) {
  return (
    <div className="header">
      <h2>
        <strong>Github</strong> Jobs
      </h2>
      <div className="hero">{children}</div>
    </div>
  );
}


export function JobList() {
  const [keyword, setKeyword] = useState("");
  const { jobs } = useJobs({ keyword });

  return (
    <div className="job-list">
      <Header>
        <SearchForm onKeywordChange={(k) => setKeyword(k)} />
      </Header>
      <Filters />
      <Results jobs={jobs} />
    </div>
  );
}
```

这样一来，Header 组件与关键字的逻辑就完全无关了，它只专注于页面头部显示的问题。如果要在 Header 中添加有关关键字搜索的功能（或者其他的功能），只需要将其加入 Header 的 children 就行了。这样，Header 组件变得十分灵活，这也是坚持单一责任原则的好处之一。

与组件和文件的关系类似，组件的划分没有唯一正确的最优解。如何组织规划，取决于代码环境、开发团队的文化和约定、甚至开发人员的个人习惯。我们用来判断一个设计优劣的准则仍然是：**单一责任原则，关注点分离。**

4.7　业务逻辑

静态的页面实现得差不多了，是时候在程序中加入 GitHub API 集成了。那么像 API 集成、数据下载这些逻辑应该放在哪里？我们还是要遵循这个原则：**单一责任原则，关注点分离。**

4.7.1　容器和表现层组件

"你看，原先的项目里使用这种方法分离表现层逻辑和业务逻辑，貌似也可行。"我在原先的项目里翻出来一段代码，其中包含两个组件—— JobList 和 ConnectedJobList。

```
// 如下为重构前的项目原始代码

// 表现层组件：只负责显示数据
function JobList({ jobs, isLoading }) {
  return (
    <div className="results">
      {isLoading ? (
        <LoadingCards count={5} />
      ) : jobs.length === 0 ? (
        "No results"
      ) : (
        jobs.map((job) => <JobCard {...job} key={job.id} />)
      )}
    </div>
```

```
  );
}


// 容器组件：只包含业务逻辑，如下载数据、相关计算等
// 所得数据传递给相应表现层组件以用于最终显示
export default class ConnectedJobList extends React.Component {
  componentDidMount: () => {
    fetch('https://jobs.github.com/positions.json')
      .then(resp => resp.json())
      .then(jobs => this.setState({jobs}))
  }
  ...
  render: () => {
    return <JobList jobs={this.state.jobs} />
  }
}
```

"哦，这是一个以前常用的设计模式，容器组件和表现层组件（container and presentaional components），也有人称为聪明组件和白痴组件（smart and dumb components）。表现层组件一般是一个完全静态的函数组件，其作用仅仅是渲染页面布局并且显示以 prop 形式提供的数据，如下代码中的 JobList 组件。而容器组件则包含相应业务逻辑，例如下载数据、表单验证和相关计算等。因为在 Hook 出现之前，函数组件无法支持状态，所以容器组件为类组件。如此划分组件的目的确实是分离关注点。将表现层的实现集中在表现层组件，而将业务逻辑集中在容器组件中。"

"不过你看这个。"艾伦说着，打开了一个网页，是一篇标题为 *Presentational and Container Components* 的文章。

"这是 Dan Abramov 的一篇博客文章，他是 React 开发小组的核心成员，也是这个设计模式的提出者。这篇文章当年的影响力很大，不过你看他后来贴了一个告示。"

页面滚下来，果然最醒目的就是这则告示：

Update from 2019: I wrote this article a long time ago and my views have since evolved. In particular, I don't *suggest* splitting your components like this anymore. If you find it natural in your codebase, this pattern can be handy. But I've seen it enforced without any necessity and with almost dogmatic fervor far too many times. The main reason I found it useful was because it let me separate complex stateful logic from other aspects of the component. Hooks let me do the same thing without an arbitrary division. This text is left intact for historical reasons but don't take it too seriously.

（译文）更新于 2019 年：这篇文章是我很早以前写的。我现在的看法已经变了，我不再推荐将组件按照此文所述的方法进行划分。如果在你的代码里能找到合适的位置，这个设计模式或许还有用武之地。不过，我看到很多人在完全没有必要的情况下教条式地强制使用这种模式。当初我之所以觉得这种模式有用，主要的原因是它能将复杂的状态逻辑从组件中分离出来。现在，Hook 可以起到完全相同的作用，而并不需要如此随意地划分组件。作为历史记录，我并没有修改本文，但别把它太当真。

我笑道："原来连始作俑者都不信这个模式了。"

4.7.2 使用自定义 Hook

"那业务逻辑就应该放到 Hook 里了？"

"当然，就放到自定义 Hook 里，海盗编队你最在行。"

自定义组件让重用 UI 部件变得简单易行，与之相似，自定义 Hook 则聚焦于分享重用那些不能在界面上直接看到的、跟程序状态相关的代码逻辑，例如，状态管理、下载获取数据、订阅服务等。这些代码逻辑都可以看作业务逻辑而放到自定义 Hook 里，实现关注点分离。

很快，我写好了一个自定义 Hook——useJobs。它把下载工作职位相关的代码都集中在一个函数里。

```
export function useJobs({ keyword, id }) {
  const [isLoading, setIsLoading] = useState(false);
  const [error, setError] = useState(null);
  const [jobs, setJobs] = useState([]);
  const proxyUrl = "https://cors-anywhere.herokuapp.com/";
```

```
  const destUrl = id
    ? `https://jobs.github.com/positions/${id}.json`
    : `https://jobs.github.com/positions.json?search=${keyword}`;
  const url = `${proxyUrl}${destUrl}`;
  useEffect(() => {
    async function loadData() {
      try {
        setIsLoading(true);
        setError(null);
        const res = await fetch(url);
        const json = await res.json();
        setJobs(json);
      } catch (error) {
        setError("Failed to fetch");
      } finally {
        setIsLoading(false);
      }
    }
    loadData();
  }, [url]);
  return { jobs, isLoading, error };
}
```

然后，就可以在各处很便捷地使用了：

```
// components/JobList.js
function JobList({keyword}) {
  const { jobs, isLoading, error } = useJobs({keyword});
  ...
}


// components/JobDetails.js
function JobDetails({id}) {
  const { jobs, isLoading, error } = useJobs({id})
```

```
    ...
}
```

4.7.3　容器、表现层组件和 Storybook

"其实，即使有了 Hook，容器和表现层组件模式也不是一无是处。在有些情况下，我们照样可以应用这种模式，并取得不错的效果。"

"也是，原因驱动、第一原则思考嘛！只要想清楚使用的原因，也不一定迷信大神们的观点。"

艾伦给我展示了界面开发利器 Storybook，它跟容器和表现层组件划分方法简直是天作绝配。使用 Storybook，我们可以将一个组件的各个状态像剥洋葱皮一样分离出来，再同时独立呈现。这样，我们可以集中精力开发并预览该组件的各种状态，而不受系统其他组件的影响。图 4-5 是 Storybook 中 SearchForm 的预览界面，我们更改代码后，该预览界面也会即时更新。请注意，这个预览界面同时显示了 SearchForm 的三种不同状态。

图 4-5

我们写了一个"故事"来精确控制这个预览界面的显示内容：

```js
// stories/SearchForm.stories.js
export function StaticStates() {
  return (
    <div style={{ backgroundColor: "#e0e0f0", padding: 16, width: 400 }}>
      <div>
        <h2>不含搜索建议</h2>
        {/* 第一种状态 */}
        <SearchFormStatic />
      </div>
      <div>
        <h2>包含搜索建议</h2>
        {/* 第二种状态 */}
        <SearchFormStatic suggestions={["A", "B", "C", "D"]} />
      </div>
      <div style={{ marginTop: 160, marginBottom: 160 }}>
        <h2>加载中</h2>
        {/* 第三种状态 */}
        <SearchFormStatic isLoading />
      </div>
    </div>
  );
}
```

StaticStates 故事其实就是一个组件，SearchForm 三种状态的划分其实依赖于我们赋予它的不同的 prop。如果希望在每种状态下显示的结果总是稳定的，而不依赖外部环境（例如数据库中的数据或从网络上下载的数据），我们就需要将数据下载等逻辑从 SearchForm 里抽离出来。这也是为什么这个组件名后有一个 Static，它只是一个表现层组件，只负责呈现其数据，而数据加载等动态内容则可以放到 Hook 里，再在一个容器组件里调用使用。

如下是 SearchForm 文件的完整代码：

```
// components/SearchForm.js
// 表现层组件
export function SearchFormStatic({
  onSubmit,
  onChange,
  suggestions,
  isLoading,
  value,
  onSuggestionClick,
}) {
  return (
    <form className="search-form" onSubmit={onSubmit}>
      <input type="search" value={value} onChange={onChange} />
      {isLoading ? (
        <ul className="loading suggestions">...</ul>
      ) : (
        suggestions &&
        suggestions.length > 0 && (
          <ul className="suggestions">
            {suggestions.map((s) => (
              <li
                key={s}
                onClick={() =>
                  typeof onSuggestionClick === "function" &&
                  onSuggestionClick(s)
                }
              >
                <div>{s}</div>
              </li>
            ))}
          </ul>
```

```
      )
    ) }
    <button>Search</button>
  </form>
  );
}


// 容器组件
export function SearchForm({ onKeywordChange }) {
  const [term, setTerm] = useState("");
  // useSearchSuggestions 是一个自定义 Hook，分离了搜索建议相关的业务逻辑
  const { suggestions, isLoading } = useSearchSuggestions(term);
  const [showSuggestions, setShowSuggestions] = useState(true);
  function dispatchKeywordChange(k) {
    typeof onKeywordChange === "function" && onKeywordChange(k);
    setShowSuggestions(false);
  }


  return (
    <SearchFormStatic
      onSubmit={(e) => {
        e.preventDefault();
        dispatchKeywordChange(term);
      }}
      onChange={(e) => {
        setTerm(e.target.value);
        setShowSuggestions(true);
        if (e.target.value.length === 0) dispatchKeywordChange("");
      }}
      onSuggestionClick={(s) => {
        setTerm(s);
```

```
      dispatchKeywordChange(s);
    }}
    value={term}
    suggestions={showSuggestions && suggestions}
    isLoading={isLoading}
  />
 );
}
```

4.8　State 管理

"是时候多加一些交互了，我们来系统研究一下如何管理 state 吧。"

"哦，对于 state，刚才那些程序里其实我们都用了不少。着陆后在那个墙洞后面拍照时，我们就接触过了，对吧？ state 是界面背后的动态数据，state 改变以后，页面的内容将会做出相应变化。后来在帆船上，尤日史德特把 useState Hook 扔进海里也就是在函数组件中加入 state。"

"是的，那些都是必不可少的基础知识。不过说到如何管理一个程序中的 state，比如 state 应该放到哪个组件里，要不要用第三方 state 管理库等，又成了一门艺术了。"

"又来故弄玄虚！所谓艺术，无非就是在遵循基本原则的基础上根据具体情况变通处理。第一原则思考，原因驱动嘛！"

4.8.1　State 简化

"来，我考考你。"艾伦说着，调出一段代码。"在 JobList 这个页面上，需要显示所有的职位，以及职位数量，你看这样设计 state 合理吗？"

```
const [jobs, setJobs] = useState([]);
const [count, setCount] = useState(0);
```

"也就是说，把每条职位的详细情况和职位数量分别用两个 state 存储，当下载完成后，分别更改这两个 state，以此达到更新界面的目的。"

我脱口而出："没必要设置第二个 state 吧？完全可以从 jobs 这个 state 中推算出来。"说完，我更新了代码：

```
const [jobs, setJobs] = useState([]);
const count = jobs.length;
```

"也对也不对。"

"什么叫也对也不对？"

"这个要分情况处理，所以我说是艺术嘛！"艾伦有点得意，"如果把所有的职位都列在同一页上，这个 count 确实可以从 jobs 数组中推演出来，所以就不应该为 count 单独设置 state，不然我们还需要将两者同步，简直是自找麻烦。这也是在设计 state 结构时我们需要做的第一步，简化 state：在决定是否添加一条 state 时，应该看它是否能从已有的 state 中推演而出。"

"不过，如果职位信息很多、必须考虑分页时，情况就不一样了，因为那时这个 jobs 数组里只保存了当前页的职位信息，职位的总数仍然需要从服务器里单独取出来显示，所以就必须单独设置一个 count state 了。"

"好吧，算你对了。"

"再来看一个，比如在下载数据时，需要显示一个进度条，如果下载遇到问题，则显示相应的错误信息。你说这两种 state 的设计方式哪一个更好？"

```
// V1
const [appState, setAppState] = useState({
  loading: false,
  error: null,
});

// V2
const [loading, setLoading] = useState(false);
const [error, setError] = useState(null);
```

我想了想，说："第二个，使用起来方便不少，调用 setLoading 给它一个 boolean 值就够了。不像第一个，还需要考虑不可变约定，改变 state 时还要重建一个对象。"

"不错哦，还记得不可变约定。"

"当然，那位大叔为了补个屋顶要把房子拆了重盖啊。那么奇葩的事我怎么会忘？"

"嗯，说得好，所以简化 state 的第二条思路，就是研究当前的 state 设计是否能找到更容易操作的表达方法。不过同理，一种设计在特定的情况下有优势，但放到另一种情况下有可能就不是最优的。例如，如果 appState 里的信息开始变得复杂，下一个 state 依赖于上一个 state 时，将它分拆成多个 state 就不见得好了，或许用一个对象囊括多个字段，并用 useReducer 是更好的方案。"

"再看一个例子，假定我们在每个职位条上加一个展开按钮，用户点击以后就能显示职位的详细信息，每个职位都可以独立展开或叠起，你看这三个版本的 state 哪个更好？"

```javascript
// V1
const [state, setState] = useState({
  id1: { isFolded: false },
  id2: { isFolded: true },
  id3: { isFolded: false },
});


// V2
const [folded, setFolded] = useState({
  id1: false,
  id2: true,
  id3: false,
});


// V3
const [foldedJobIds, setFoldedJobIds] = useState(["ID2"]);
```

"要论操作的简单程度的话，后两个差不多，也许第三个更好一些，因为只管往数组里放 ID 就行了，第一个版本对象里有嵌套对象，可难处理了。不过话说回来，如果 state 比较复杂，需要包含的除了这个 isFolded 还有其他的内容，恐怕也不得不用第一种方案。"

艾伦点头称是："总之，同一种数据有多种不同的 state 设计方案，我们需要在了解具体情况的前提下尽量简化 state。"

"好吧，我来总结一下。"说完，我在笔记本上记下如下文字：

简化 state 方法：

1. 能否从已有 state 推演而来？

2. 能否找到更容易操作的表达方法？

4.8.2　提升 State

下一步是实现这个筛选职位是否为全职的选择框，如图 4-6 所示。

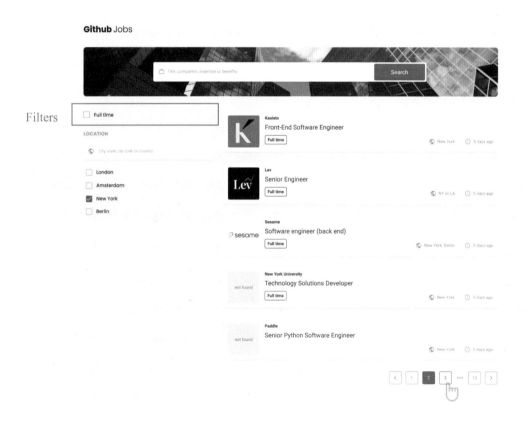

图 4-6

我照例先将基本静态内容分成各个组件写好，再来考虑动态的情况，例如，如何在组件间传送数据。

"但现在有一个问题，"我指着代码说道："用户输入的过滤信息是在 Filters 组件里用这个

input 收集的，但我们需要把它传入 Results 组件中。问题是在 React 里要用 prop 传数据的话，只能从上往下传啊。"

```
function FilterableJobList() {
  return (
    <div className="job-list">
      <Filters /> {/* 用户输入的过滤信息在 Filters 组件中收集 */}
      <Results /> {/* 需要将用户输入的过滤信息传入 Results 组件以完成显示 */}
    </div>
  );
}


function Filters() {
  const [fullTime, setFullTime] = useState(true);
  return (
    <form className="filters-form">
      <label>
        <input
          type="checkbox"
          checked={fullTime}
          onChange={() => {
            setFullTime((ft) => !ft);
          }}
        />
        Full Time
      </label>
    </form>
  );
}
```

艾伦点头说道："不愧是称职的传送工程师！对，React 里的数据流总是从上往下，所以如果想把数据从 Filters 组件里提出来传给它的邻居 Results，fullTime 这个 state 得从 Filters 组件里移出来，放到它的父组件 FilterableJobList 里，再从父组件朝 Results 传送。这个过程被称为提升 state。"

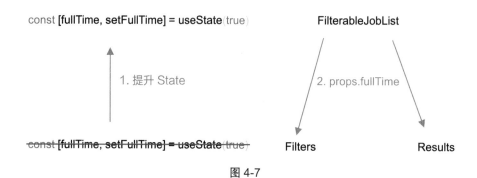

图 4-7

"另外，这里实际上还是有一个把数据向上传的过程，因为归根结底用户输入是在 Filters 内的 input 上实现的，我们需要把用户输入向上传到 FilterableJobList 里，还记得在航博公司唯一合法的方法是什么吗？"

"你是说那个便携式虫洞吧？先在 FilterableList 层把虫洞放到箱子里，然后让传送工程师送到 Filters 层，最后在 onChange 里打开箱子，就可以把数据直接送达 FilterableJobList。那所谓的虫洞其实就是一个回调函数嘛。"

```jsx
export function FilterableJobList() {
  // 此 state 从 Filters 组件提升至此
  const [fullTime, setFullTime] = useState(true);
  const { jobs } = useJobs({ fullTime });


  return (
    <div className="job-list">
      {/* 将虫洞装箱送至 Filters */}
      <Filters
        onFilterChange={(filter) => setFullTime(filter.fullTime)}
        fullTime={fullTime}
      />
      <Results jobs={jobs} />
```

```
    </div>
  );
}


function Filters({ fullTime, onFilterChange }) {
  // const [fullTime, setFulltime] = useState(true); <== 此 state 已被
// 提升至 FilterableJobList
  return (
    <form className="filters-form">
      <label>
        <input
          type="checkbox"
          checked={fullTime}
          onChange={() => {
            // 打开虫洞，把数据即时送达上层
            onFilterChange({ fullTime: !fullTime });
          }}
        />
        Full Time
      </label>
    </form>
  );
}
```

4.8.3　State 放哪里

"将 state 提升到父组件是一个有效且必要的方法。再问你一个问题吧，是不是应该把所有的界面状态信息干脆一下提升到一个应用的根组件里呢？这样可以最大限度地保证数据的一致性，下面的组件需要什么数据的话，直接往下传就可以了，如果嫌用 prop 麻烦，用 context 也可以啊。"

"这个嘛，嘿嘿，既然你这么问，答案应该是具体情况具体分析。这是艺术，呵呵。"我学着艾伦的口气说。

"答对了。关于一个 state 究竟应该放到哪个组件里，我是这么考虑的。"艾伦在面前一个窗口里书写，"我认为应该将各种 state 分门别类，大致应该包括三种。"

- **本地局部 state；**

- **本地全局 state；**

- **服务器数据缓存。**

"对这三种不同的 state，我们应该有不同的考量。"

1. 本地局部 state

"所谓本地局部 state，就是直接决定用户界面动态效果的状态，例如，一个对话框是不是打开的、鼠标移上去出什么效果，等等，这些都需要用 state 表示，对吧？总之，是一些临时的、只在本地有效果的状态信息。对于这种 state，我觉得应该遵循一个就近原则，在哪个组件用就放在哪儿。如果邻居或父组件也需要相同的数据，就像在刚才那个 Filters 组件里一样，把 state 提升到父组件，不过也是提到最近的一级就够了，不用一直提升到根组件，否则对整个程序的性能和可维护性都会有影响。"

"以这个搜索表单 SearchForm 为例，"艾伦调出刚刚加了搜索建议功能的 SearchForm 组件代码："因为我们并不需要每输入一个字符就刷新一次职位列表，term 和 showSuggestions 定义为在 SearchForm 组件内的局部 state 就很合适。这里的设计选择是只在用户确认后，才调用 dispatchKeywordChange，用 API 取数据。然而，如果我们希望每次输入的关键字即时生效，就应该考虑像 Filters 一样，将 state 提升到父级组件里了。"

```
function SearchForm({ onKeywordChange }) {
  // 局部 state
  const [term, setTerm] = useState("");
  const [showSuggestions, setShowSuggestions] = useState(true);


  const { suggestions, isLoading } = useSearchSuggestions(term);
  function dispatchKeywordChange(k) {
    typeof onKeywordChange === "function" && onKeywordChange(k);
    setShowSuggestions(false);
```

```
  }

  return (
    <SearchFormStatic
      onSubmit={(e) => {
        e.preventDefault();
        dispatchKeywordChange(term);
      }}
      onChange={(e) => {
        setTerm(e.target.value);
        setShowSuggestions(true);
        if (e.target.value.length === 0) dispatchKeywordChange("");
      }}
      onSuggestionClick={(s) => {
        setTerm(s);
        dispatchKeywordChange(s);
      }}
      value={term}
      suggestions={showSuggestions && suggestions}
      isLoading={isLoading}
    />
  );
}
```

2. 本地全局 state

"那么对于那些全局性的状态信息呢？例如，当前用户、屏幕样式主题。这些信息的更改会影响到应用中几乎所有的组件，不提升到 App 根组件估计不行吧？"

"嗯。我称这些 state 为本地全局 state，既然是全局的，当然应该放到一个所有组件都能访问到的地方。一般来说，可以放到 App 根组件里，然后作为 context 往下传。当然，即使是相对全局的 state，也不一定是整个应用，可以分不同模块、页面等作为 context 往下传。"

"另外，对于全局 state 的管理，特别在 Hook 出现以前，在实际项目中的一个标准方案是借助第三方的状态管理库，最大名鼎鼎的就是 Redux，另外一个库 Mobx 也很流行，其实还有好多状态管理库，像 Recoil、Zustand、Jotai……"

"等等，你说的我头晕了，Redux 好像我还听说过，其他的那些名词就闻所未闻了！"

"呵呵，是啊。太多太多的第三方库可供选择，这可能也是很多人觉得 React 难学的原因之一。在 Hook 出现之前，React 自身对 state、特别是全局 state 的支持比较有限，所以很多人用 Redux 来做 state 管理，为的就是获得类似于 useContext 的使用效果。但我觉得这未免杀鸡用牛刀了，Redux 的功能很强大，但不是所有的应用都需要，这个以后有机会再给你演示。"

"我本人偏向于尽量使用 React 自身提供的 state 管理支持，也就是 useState、useReducer 和 useContext 的组合。把这个基础吃透了，再根据需要考虑是否引入第三方库也不迟。"

3. 服务器数据缓存

"说了半天的本地 state，是不是还有非本地的、在服务器上的 state ？"

"对于服务器上保存的数据，严格来说，应该不属于客户端程序的范畴了。不过仍然值得研究。你看，这两个 state 在逻辑上有什么区别？"

```
function SearchForm({ onKeywordChange }) {
  // 用户输入的搜索关键字
  const [term, setTerm] = useState("");
  ...
}


function useJobs({ keyword, id }) {
  // 从服务器上下载的职位列表
  const [jobs, setJobs] = useState([]);
  ...
}
```

"区别在于数据来源吧，第一个是在本地用户输入的，第二个是从服务器上下载的。"

"对，实际上第二个 state 可以看作来自服务器的数据在本地的缓存。而对缓存的管理其实和用户界面 state 有很大的区别，但一直以来大家都把两者混为一谈，进而用相同的工具进行管理，例如 useState、useContext。这些基本的工具如果不够就用 Redux、Mobx 这些'大杀器'，但最终结果都不理想。"

"还好，最近开源社区出现几个专门管理服务器缓存的第三方库，例如 React Query 和 SWR，完美解决了这个问题。所以，我觉得目前最好的方案是用 React 的基础工具管理本地 state，而对于服务器数据缓存，则用专门的库来管理。"

"嗯，有道理，那我来把 useJobs 这个 Hook 用 React Query 重构一下。"

```
function useJobs({ keyword, id }) {
  const {
    data: jobs,
    isLoading,
    error,
  } = useQuery(id ? ["job-by-id", id] : ["jobs", keyword], fetchJobs);
  return { jobs, isLoading, error };
}


// 从 API 下载数据
function fetchJobs(key, query) {
  const proxyUrl = "https://cors-anywhere.herokuapp.com/";
  const destUrl =
    key === "job-by-id"
      ? `https://jobs.github.com/positions/${query}.json`
      : `https://jobs.github.com/positions.json?search=${query}`;
  const url = `${proxyUrl}${destUrl}`;
  return fetch(url).then((response) => response.json());
}
```

"不过话说回来，关于服务器数据管理这一块，最近也许会有比较大的变动，你听说过 React 服务器组件吗？英文名是 React Server Component。"

"React 组件可以放服务器上运行了？"

"对啊，目前为止 React 的组件都是在浏览器客户端运行的，但最近 React 团队搞出了一个服务器组件，也就是在服务器上运行的组件。既然是在服务器上运行的，就可以直接从数据后台提取数据，然后将得到的组件以一种特殊格式推送给客户端，这样就极大地提高了前后端之间的通信效率。他们的宣传语是零字节客户端包裹，也就是说，本来为了做一件事要在客户端包裹里包含一堆第三方库，动辄几百 KB、甚至几兆字节，这下可好了，这些库全都可以放到服务器组件里，完全不用下载到用户浏览器里，那客户端上不就是零字节包裹了吗？"

"今后，也许我们写程序的基本思维都应该做一些调整。从前是 React 只运行在客户端，如果需要服务器的数据就发一个 HTTP 请求，再将结果放在组件里呈现出来。而有了服务器组件以后，不管是服务器还是客户端，都可以看成一个整体的组件树，而组件之间怎么交换数据？传 prop 就可以了！"

"听起来很拽的样子！航博大厦这个项目可以用得上吗？"

"现在还不行。目前服务器组件暂时还处于实验状态，按照惯例，就像当时的 Hook 一样，React 团队发布了一些演示和文档用来搜集社区的反馈，到最后正式版发布少说也要半年吧。"

"好，那我们随时跟踪吧。"

4.9　回程

"终于通过了！这应该是最后一个测试吧？新代码应该可以上线了。"我长吁一口气。

艾伦点点头，手指轻动，在命令行窗口中输入：`git push origin`。

我屏住呼吸，看到在虚拟影像中那个被捏坏的火柴盒微微晃动了一下，随后如倒放镜头般慢慢站起，本来扭曲的外部结构逐渐挺直，不一会便恢复了往日的船帆形状，周围街区的建筑也随之恢复了一大半，本来阴霾的天空出现一轮红日。

航博大厦终于恢复了！艾伦和我都不约而同地站了起来。

"可惜啊，我们没时间对 React 星上每个地方逐一这样仔细地修复，要真正改变这个世界，还是要靠这个啊。"艾伦指着桌上那一摞笔记。

"这些东西要花点时间整理才可以看。我们什么时候回去啊？"我说。

"就现在吧，是时候了。"说着，艾伦坐下来，跷起二郎腿，打开一个窗口操作起来。不多时，我们所在的小屋内部变成了飞船船舱。

"飞船现在要从代码维度进行反向迁跃，这样就会把我们的意识带回现实世界，你就可以回去继续上班……啊……"

艾伦话音未落，忽然飞船一阵剧烈摇晃，将他连人带椅重重摔在地上。我也被晃了一个趔趄，幸好及时扶住了一旁的栏杆。

一时间，舱内警报声大作，红光闪烁不定。

"快！快按弹出按钮！"艾伦被压在椅下一时爬不起来。

"啊？什么按钮？！在哪儿啊？"

"弹出按钮！那边桌上，那个红色的按钮。"

我飞奔到桌边，在一堆杂乱的稿纸里找到一个红色按钮，但一顿猛按之后，警报声没有一点要消停的意思。

"是这个吗？按了没用啊，没什么东西弹出来啊！"

"那赶紧把书稿和笔记用电子邮件发出去。快！！！"

第 5 章
后记

下一步学习内容简介，包括样式方案、应用框架、表单、路由、State 管理第三方库、开发辅助工具、性能优化、测试、类组件、TypeScript、以及前沿技术如并行渲染和服务器组件（React Server Component）。

发件人：艾伦

标题：SOS！坐标 React 星

那天早上起来就收到这封标题奇怪的电子邮件，我几乎顺手就扔到了垃圾箱。不过我忽然记起，前两天跟一个叫艾伦的人通过电话，他好几次提到什么 React 星球，还邀请我一同去参观，当时以为 React 星球就是他的公众号，要我关注而已。公众号又发什么求救信号？标题党吧？

不过，好奇心还是让我打开了邮件：

正文：请尽快将稿件整理成书，飞船故障，我们被困

附件：书稿笔记 .md，自动对话记录 .md

邮件正文一共也就十来个字，似乎没写完就发出来了。我耐着性子浏览了一遍书稿和对话记录，内容虽然凌乱了一点，但描述得很详尽，不像是恶作剧。我立马拿起电话，但艾伦那头总是没人应答。为什么他自己不整理书稿？难道真有 React 星这个去处？难道艾伦他们在那里遇险了？

不管怎么说，既然艾伦对我如此信任，我决定按照他的要求伸出援手。如果真有 React 星球，我倒想看看那个世界是什么样子的，这本手册对探索那个世界或许也颇有用处。即使 React 星球只存在于艾伦的想象中，书中涵盖的基础知识和核心概念也是学习 React 很重要的第一步。

前面的章节讲述了艾伦一行两人在 React 星的经历，也介绍了 React 开发所必备的基础知识和核心思维模式，这是根据艾伦发来的书稿笔记和对话记录整理的。当然，在真实应用场景中，我们往往还需要了解和运用 React 生态环境中大量的其他工具或第三方库。于是，我自作主张补充了如下内容，用以作为学习完基础知识以后继续探索的导航图。

5.1 样式方案

在界面布局和样式方面，本书在绝大多数地方仅仅采用了内嵌样式（inline style），想必是为了节省篇幅和便于讲解。但在实际项目运用中，我们往往需要用到更完备、复杂的样式方案。

常用的方案包括：

1. 外置、纯粹 CSS 文件

这是最基本、最原始的样式支持方式，其优点是无须任何外置工具，最大的问题是 CSS 的全局性，两个不同的 CSS 文件很容易互相冲突，而难以查找问题所在。

2. Sass / Less

这是常用的两个 CSS 预处理工具。相比纯粹的 CSS，Sass 和 Less 增加了内嵌、变量和循环等新功能，不过最终它们仍然会编译成标准的 CSS 文件，而且同样存在 CSS 的全局性冲突问题。

3. CSS Modules

这个工具让我们可以将 CSS 文件导入某个 JavaScript 文件中，而该 CSS 的作用范围仅限于该 JavaScript 文件，所以它解决了 CSS 为人诟病的全局性冲突问题。

4. 实用优先 CSS 框架（Utility-first CSS Frameworks）

这些框架将常用的样式归类整理为独立的、颗粒化的 class，使用时，在大部分情况下我们可以只使用这些 class 而不必书写具体的 CSS 规则，从而大大提高了开发效率。最近非常流行的 TailwindCSS 就属于其中一员。

5. CSS-in-JS

这是在 JavaScript 里写样式的一揽子工具的统称。其特点是可以完美结合 JavaScript 的特性，自然解决了 CSS 的全局性冲突问题，方便支持模块化，而且便于书写动态样式。具有代表性的库包括 styled-components 和 emotion，还有两个后起之秀——Stitches 和 Vanilla-extract。

5.2 应用框架

虽然理论上可以在一个单个 HTML 文件里实现完整的 React 应用，但是在实际应用场景中，我们往往需要一系列的工具来支持应用的开发。为了适应生产环境的需要，我们采用多个工具（例如 Webpack 或 Babel）将源文件编译、转换格式、整合、搅乱代码处理、优化和打包。然而，整合配置这些开发工具需要丰富的经验，并且相当耗费时间。于是，在 React 社区中出现了各种应用框架（App frameworks，有时也被称为"元框架"，Meta frameworks），提供了上述开发工具的标准配置方案，用以快速启动项目，改善开发体验。

在众多应用框架中，最具代表性的包括：官方推出的 CRA（create-react-app）、GatsbyJS 和 NextJS（本书第 4 章简略地用到了这个框架）。

CRA 是纯粹的客户端框架，它包含了必要的工具用来对源程序测试、编译、整合和打包。

GatsbyJS 是一个静态网站生成器。除了支持 CRA 的大部分功能，Gatsby 将客户端 React 代码在编译时渲染成为 HTML 文件，用于直接部署到服务器。这样做的好处是，提升页面首次渲染的性能，所编译生成的 HTML 还可以作为静态的资源放到内容分发网络（Content Delivery Network，CDN）上缓存加速。

NextJS 则是三者中功能最完备的框架，它不仅支持类似 GatsbyJS 的静态页面生成功能，还包括了常规的服务器端支持（其作用类似常规的后台框架，例如 ExpressJS 或 Laravel/Php），以及服务器端渲染（Server-Side Rendering，SSR）、增量静态页面生成（Incremental Static Generation）等高级功能，进一步适应各种应用场景的需要。

5.3 表单

本书在第 1 章中简略地介绍了如何在 React 中处理 HTML input，即将 input 与一个数据项（例如 state）相关联，然后我们就可以通过读取或更改该数据项实现对 input 的读写。当 input 与某个数据项相关联时，我们称为"受控组件"（controlled component）。其他表单元素跟 input 情况类似，比如 select 和 textarea。这里有一个例外情况，比如文件上传框：<input type="file"/>，React 并未提供任何方式将其与数据项关联，所以我们只能将其作为非受控组件（uncontrolled component）来特殊处理。

在实际应用场景中，对表单的处理除了收集用户输入数据，往往还需要支持多页表单、数据校验、跟踪已访问或出错字段等较复杂的功能，使用基础的 React 代码当然完全可以胜任这些任务，但是其实现难免显得冗余而烦琐。为了避免重新发明轮子，我们可以使用专门开源库来实现上述功能，目前最流行的表单处理库包括 Formik 和 React Hook Form。

5.4　路由

React 中路由的概念适合于单页应用（Single-page application，SPA）的场景。所谓路由，是指对浏览器地址栏及相应页面内容的管理，例如登录页面的 URL 是 /login，而登录以后的 URL 为 /app。用户完成登录操作以后，尽管浏览器并没有向服务器请求下一个页面（因为是 SPA），浏览器的地址栏仍然会显示相应的不同 URL。

这里就需要一个专门的库来管理控制浏览器地址栏和正文——React Router。如下为使用 React Router 的示例代码：

```
import React from "react";
import { Switch, Route } from "react-router-dom";
function App() {
  return (
    <>
      <Header />
      <main>
        <Switch>
          <Route path="/how-it-works">
            <h1>How it works</h1>
          </Route>
          <Route path="/about">
            <h1>About</h1>
          </Route>
          <Route path="/">
            <Home />
          </Route>
```

```
        </Switch>
      </main>
    </>
  );
}
```

值得一提的是，在 NextJS 和 GatsbyJS 中采用了不同于 React Router 的文件系统路由方式，即在 pages 目录下的每一个符合条件的文件都构成了一个路由，例如在 pages 目录中有一个文件 about.js，那么就可以在浏览器中通过路径 /about 访问显示该文件中的组件。

5.5 State 管理

State 管理是 React 应用开发中的一个重要环节，也是新手们普遍感到困惑的知识点之一。本书第 4 章覆盖了关于 state 管理的一些重要的基础知识，包括简化 state、提升 state 及 state 的归类整理。对于 state 管理，业界普遍达成的共识是尽量利用 React 内建的 state 管理功能，只有在必要时才使用第三方库进行管理。这里简单介绍一下常用的第三方库及其应用场景，以便于权衡选择。

首先，我们来快速回顾一下，到底什么是 state，什么是 state 管理。众所周知，我们用 React 开发的是动态的、交互式的软件界面，当用户点击界面上的一个按钮时，界面就会发生相应变化，例如显示一个对话框，或让拍照墙背后换一个人（还记得第 1 章的拍照墙吧？）。界面如何显示取决于一些数据，我们需要用一些变量来跟踪这些数据，例如，isDialogVisible 或者 who。这些数据就是 state。所谓 state 管理，包括两个方面：第一，决定在何处存储这些数据，是放在当前组件里，还是提升到父组件？或者抽象到一个全局的地方让所有的组件都可以访问？第二，如何更改这些数据并重新渲染相应的组件。

一般来说，我们遵循如下的顺序来选择 state 管理方案：

第一，使用 useState 管理局部数据。第二，对于相对全局性的 state，可以考虑 useState 加 useContext 来避免 Prop drilling 问题（用货梯来改善传送工程师的工作环境，见第 2 章），但具体使用时需要仔细分析该数据是否具有真正的全局性，例如页面风格主题、当前用户等。否则，如果滥用 useContext，将影响应用的整体性能。第三，当 state 包含多个数据项，并且各数据项之间有一定的相互依赖关系时，考虑使用 useReducer。本书第 3 章提到过，useReducer 可以看作 useState 的高级版本。useState 的使用方式虽然简单灵活，但管理和修改 state 的代码往往分散在组件代码的各处。相较之下，useReducer 在一个集中的位置（reducer 函数）对 state 进行推演和管理，对较复杂的数据处理有一定的优势。第四，当 state 变得越来越复杂，或者对性能有比较高的要求时，考虑使用第三方 state 管理库。

常见的第三方 state 管理库包括：

1. 数据管理类

此类型库将整个应用的 state 抽出，放入一个独立的 store 里进行管理。这种类别的第三方库包括曾经二分天下的 Redux 和 Mobx，以及新出现的、相对轻量级的 Zustand。

2. 性能提升类

以 Meta 公司推出的 Recoil 为代表，此类型库旨在消除冗余的组件渲染，从而提升应用的整体性能。其基本思路为，使用多个"原子"（atom）自下而上地组合构造 state 数据，并通过原子之间的依赖关系优化渲染性能。这些所谓的原子构成了一个独立于 React 组件树的有向图，此举打破了 React 中单向数据流的限制，让数据在组件间更加自由地流动。除了 Recoil，轻量级的 Jotai 也属于此类。

3. 服务器数据缓存类

从严格意义上说，此类并不是典型的 state 管理库。所谓服务器缓存，指的是从服务器下载数据并暂时保存以便于在界面中显示。在过去，人们往往将它与应用 state 混为一谈，而使用通用的 state 库对其进行管理。实际上，服务器缓存面对的问题比较独特，包括缓存刷新、防止重复数据，等等。所以，最好的方案是用专门的库对其进行管理，最具代表性的是 React Query，另外，SWR 也属于此类。

4. 状态机（state machine）

当 state 的数据项之间有很多条件依赖关系时，如果使用标准的 state 管理方案，我们不得不用很多条件语句来表达这种依赖关系，从而导致代码混乱、易出错和难以维护。事实上，在计算机科学中有专门的理论支持来处理这种情况，那就是有限状态机（Finite State Machine）。代表性的状态机库包括 XState 和 Robot，让我们可以用声明式的方法定义各状态之间的转换关系，剩下来的事情就由状态机代劳了。

5.6 开发辅助工具

这里列出了一些与 React 应用开发紧密相关的工具：

1. React 开发者工具库（React Developer Tools）

这是 React 官方推出的一组浏览器插件，包含了"Components"和"Profiler"两类工具。前者用于显示当前应用的层级结构以及各组件的 prop 和 state，后者能够记录程序运行时的与性能相关的数据，为性能优化提供了便利。

2. Storybook

如本书第 4 章所述，Storybook 是一款界面开发利器，使用 Storybook，我们可以将一个组件的各个状态像剥洋葱皮一样分离出来，再同时独立呈现。这样，我们可以集中精力开发并预览该组件的各种状态，而不受系统其他组件的影响。此外，Storybook 还常常被用作设计系统（design system）的文档工具，使用真实的代码作为系统组件库的示例，便于团队合作。

3. 应用框架中已集成的工具

如下工具已经集成在大部分应用框架中，所以一般来说我们不需要关注它们的具体使用方法，但我们还是应该了解它们的功能及一些基本的配置方法，以备不时之需。

4. Webpack

这是目前最普及的客户端程序打包工具，其作用为将应用开发时的多个源文件及其资源文件打包成为单一文件，以便于在生产环境中使用。

5. Babel

Babel 是一个 JavaScript 编译器，其主要作用是保证鱼与熊掌兼得——让我们既可以使用 JavaScript 的新语言特性，又可以放心地将代码放到老环境中运行。Babel 将包含新语言特性的代码翻译为基础版本代码，以保证其兼容性。React 中的 JSX 也得益于 Babel 中的一个插件而被自动翻译成为 JavaScript 代码，从而在浏览器中顺利运行。

6. ESLint

ESLint 是一款针对 JavaScript 的静态程序扫描分析工具，能够分析程序中的常见错误，并以编译时错误或警告信息的方式呈现。

5.7　性能优化

在谈及性能优化之前，我想引用一下计算机科学泰斗唐纳德·努斯（Donald Knuth）的一句名言：

Premature optimization is the root of all evil.

译文：过早的优化是万恶之源。

React 在设计之初就充分考虑到了性能问题，因此，在大多数情况下，我们并不需要考虑性能优化的问题。当然，在实际应用中，我们仍然会遇到需要优化组件渲染性能的情况。如下提供了几种优化方案可供选择。

1. 防止在渲染过程中的重复工作

在使用 useState 时，如果其初始化值需要通过耗时长的运算而得来，那么多次渲染该组件后，性能问题就会叠加放大，从而造成应用整体性能下降：

```
// V1: 每次渲染都会重复执行运算 🙁
const [state, setState] = useState(someExpensiveComputation(props));
```

在这种情况下，我们可以考虑采用如下方式对 state 进行初始化：

```
// V2: 只在第一次渲染时执行运算 🙂
const [state, setState] = useState(() => {
  const initialState = someExpensiveComputation(props);
  return initialState;
});
```

如此一来，耗时长的初始化操作将只运行一次，后续的渲染操作就快捷了不少。除了 useState，useReducer 也有类似的参数选择。

另外，我们还可以采用 useMemo 和 useCallback 缓存复杂运算的结果，只在需要时才运行复杂的运算代码，从而提高渲染性能，见本书第 3 章。

2. 避免重复渲染整个组件

在默认状态下，React 会渲染当前组件下的全部函数组件。例如：

```
function App() {
  const [count, setCount] = useState(0)
  return (
    <div>
      <Header />
      <div>{count}</div>
      <button onClick={() => setCount(c=>c+1)}>+1</button>
      <Footer />
    </div>
  )
}


function Footer() {...}


function Header() {...}
```

每当用户点击一次按钮时，React 都会渲染 Header 和 Footer 两个组件，尽管它们的内容并不需要更新。我们可以使用 React.memo 避免重复渲染这两个组件：

```
const MemoedFooter = React.memo(Footer);
const MemoedHeader = React.memo(Header);


function App() {
  const [count, setCount] = useState(0);
  return (
    <div>
      <MemoedHeader />
      <div>{count}</div>
```

```
    <button onClick={() => setCount((c) => c + 1)}>+1</button>
    <MemoedFooter />
  </div>
  );
}
```

这样一来，只有当赋给 MemoedHeader 和 MemoedFooter 的 prop 值发生变化时，React 才会重新渲染这两个组件。React.memo 适用于函数组件，如果是类组件，可以采用 React. PureComponent 获得同样的效果。

需要重申的是，在绝大多数情况下（包括上述例子中的 Header 和 Footer），重复渲染组件并不会造成明显的性能问题。如果 React.memo 使用得太多，反而会造成代码冗余不堪，难以调试。

3. 采用性能提升类的 state 管理库

当用户界面上需要显示很多快速变化、相互依赖或者多处共享的数据时，例如在一个绘图应用中，画板上的元素和各种控制面板上常常需要共享某些 state，如元素的位置、颜色等，采用常规的 React state 将会带来一系列的性能问题。性能提升类的 state 管理库如 Recoil 就是为此种情况量身定制的。

5.8　测试

测试是保证产品质量的重要环节之一，React 生态系统中的常用测试工具包括如下几类：

1. 测试运行器（Test runner）

目前最常用的是 jest。jest 的特点是方便易用、零配置，只需要新建一个扩展名为 test.js 的文件或将 js 文件放入名为 __tests__ 的目录中，就可以开始编写、运行测试用例了。jest 的安装也很方便，一个命令即可，而且已经集成在 CRA 中，拿来就用。其他功能类似的测试运行器还包括 mocha、ava 等。

2. 测试辅助库

在编写与 React 相关的测试代码时，我们往往需要验证所测试组件的行为，例如当用户点击一个按钮时，是否显示一个相应的对话框。此时，我们可以使用一些测试辅助工具模拟

React 的渲染行为并侦测结果。有代表性的此类工具包括 React Testing Library 和 Enzyme。前者（RTL）是两者中的佼佼者，RTL 注重于像最终用户一样测试组件行为，而不是测试组件的实现细节。所以，RTL 测试的是渲染后的 DOM 结果，而不是 React 树上的中间结果，这个设计让测试代码更加稳定可靠。

3. 黑盒测试工具

此类工具将整套应用代码看作一个黑盒，像用户一样测试该应用在浏览器中的行为。目前比较流行的工具包括 Cypress、Percy 和 Selenium。此外，还有一个叫作 BrowserStack 的云端服务，让我们可以在多个真正的浏览器里测试应用代码。

5.9 类组件及相关

在 React 17 发布以前，类组件在交互界面开发中必不可少。只有在类组件中才能支持 state，函数组件只能用来写不包含交互逻辑、只支持界面表现层的"白痴"组件。然而，类组件尽管功能强大，但使用起来十分不便，要求开发者对 JavaScript 和 React 有更深层次的理解（例如 this 关键字的作用、React 组件的生命周期等），在一些场景下很容易出错，而 Hook 的发布改变了这一切。自从 React 17 以来，函数组件也可以支持 state 了。使用 Hook 和函数组件以后，原本在类组件中需要在多处凌乱实现的代码都可以放到一个 Hook 里集中实现（见第 3 章）。因此，在新项目中，大多数代码都将是函数组件和 Hook。

当然，了解类组件也是有一定必要的，毕竟在现有的、已经正常运行的代码里，类组件将在长时间内占有很大比重，短期内也不可能将所有代码重写一遍。因此，建议在充分掌握了 React 的基础概念以后，针对类组件进行一定的专门学习。类组件相关的知识点包括：

- JavaScript 中 class 的概念。

- JavaScript 中 this 关键字的作用。注意，这个 this 和很多其他语言（如 Java）中类似概念有很大的区别！

- 类组件的书写格式。

- 在类组件中添加 state。

- 类组件生命周期回调函数。

- 适用于类组件的常用设计模式（大部分功能都可以用 Hook 代替），包括高阶组件
（Higher-order component）和 Render prop。

5.10　TypeScript

近年来，微软公司出品的 TypeScript 在 React 社群乃至于整个 JavaScript 社区都风头正盛。众所周知，JavaScript 是一种动态语言，其对类型的松散要求使得它很容易上手。然而，也同样是因为没有编译时类型的限制，使用 JavaScript 开发的较大型应用难以维护，正所谓"动态一时爽，重构火葬场"。

TypeScript 的出现改变了 JavaScript 这一窘境。TypeScript 是 JavaScript 的超集，也就是说在 JavaScript 语法的基础上添加了类型信息来保证代码的类型安全。借助这些额外类型信息的支持，TypeScript 编译器能够提前警示很多在 JavaScript 在运行时才能发现的错误。

```
function add(a: number, b: number) {
  return a + b;
}


// 在TypeScript里：编译时错误
// 在JavaScript里：程序照常执行，尽管函数的输入数据是错误的
add("我不识数", "我也不");
```

即使代码里没有显式地说明类型信息，TypeScript 也会分析代码的静态结构，尽可能地推断出类型信息（type inference），从而给出有帮助的编译时警示：

```
const user = {
  firstName: "Angela",
  lastName: "Davis",
  role: "Professor",
};


// 在 TypeScript 里：编译时错误, name 属性不存在
// 在 JavaScript 里：程序照常运行，输出 undefined
console.log(user.name);
```

另外，集成开发环境（如 Visual Studio Code）还可以利用 TypeScript 提前获知的类型信息为我们提供额外的帮助，从而提高开发效率。例如，如果在 VSCode 里输入上述代码，并输入 user.，编辑器就会列出 user 包含的所有属性以供选择。

5.11　前沿技术

React 第一个版本于 2013 年发布，期间重要的里程碑包括 2015 年对 ES6 类的支持，以及 2019 年的 Hook。下一个里程碑将是并发 React（Concurrent React），以及其衍生功能，例如服务器组件（React Server Component）。

所谓的并发 React，是对一系列新功能的统称。其设计目标是保持应用快速响应，而根据用户设备的能力和网络速度自动调节应用体验。并发 React 的核心概念是将原本必须从头到尾完整执行的组件渲染过程变得可以打断（Interruptible Rendering），见缝插针地执行高优先级的任务，例如响应用户输入，完成以后又可以继续执行原先的渲染过程，从而提高应用体验。

在对并发 React 研究的基础上，React 团队于 2020 年底又提出了服务器组件，其提倡的思想堪称 React 史上的重大里程碑。至今为止，React 仅限于在浏览器客户端运行，即使所谓的服务器端渲染（Server side rendering）也只是在服务器端模拟客户端，将组件渲染为相应 HTML 代码，用以提高页面首次调入速度（或支持搜索引擎优化）；当首次调入完成以后，仍然需要将相应 React 代码下载到客户端并运行，以实现界面的交互功能（这个过程被称为"注水"，Hydration）。

服务器组件的出现让我们可以从一个全新的角度看待一个应用的整体架构：不管是服务器代码还是客户端代码，都可以看作统一的 React 组件树中的一员，服务器与客户端之间如何通信？由一个组件向其子组件传递 prop 而已！服务器组件将真正地在服务器端运行，并通过一个特殊协议与客户端的 React 组件无缝通信。这样做将进一步提高客户端性能，这是因为我们可以将很多第三方依赖库直接放到服务器组件中运行，根本不需要下载到客户端！所以，React 团队也称服务器组件为"零字节包组件方案"。

截至发稿日为止，React 将在第 18 版本正式全面地支持并发渲染，而服务器组件尚处于试验和社区反馈收集阶段，其最终形态将会是怎样，让我们拭目以待！